反钙钛矿结构 Mn₃ XN(X = Zn、Co、Ag 等) 化合物磁及电输运性质的研究

褚立华 著

中国石化出版社

内 容 提 要

　　本书系统地研究了 Mn_3XN 晶格、磁、电输运性质的反常变化，揭示了三者的关联关系，探索该类材料新的物理特性，掌握调控相关物性的方法与途径，以期为反钙钛矿新型功能材料的设计和应用提供新的思路。

　　本书可供结构和新材料的研究人员参考使用。

图书在版编目（CIP）数据

反钙钛矿结构 Mn_3XN（X＝Zn、Co、Ag 等）化合物磁及电输运性质的研究／褚立华著 .—北京：中国石化出版社，2019.10
ISBN 978－7－5114－5560－4

Ⅰ．①反… Ⅱ．①褚… Ⅲ．①钙钛矿型结构-功能材料 Ⅳ．①TB34

中国版本图书馆 CIP 数据核字（2019）第 232731 号

中国石化出版社出版发行
地址:北京市东城区安定门外大街 58 号
邮编:100011 电话:(010)57512500
发行部电话:(010)57512575
http://www.sinopec-press.com
E-mail:press@sinopec.com
北京艾普海德印刷有限公司印刷
全国各地新华书店经销

＊

710×1000 毫米 16 开本 9 印张 166 千字
2020 年 6 月第 1 版　2020 年 6 月第 1 次印刷
定价:45.00 元

目　　录

第1章 绪 论

1.1 引 言

20 世纪 80 年代以来，钙钛矿结构(Perovskite)氧化物及其层状衍生物，引起材料科学和凝聚态物理研究学者的广泛关注。它们具有丰富多变的物理性质和广阔的应用前景，例如巨磁电阻、高温超导、铁电等[1-3]，以及近几年比较受关注的多铁性等研究。目前钙钛矿结构材料已经成为材料物理和凝聚态物理研究的热点和前沿之一。然而，与钙钛矿结构氧化物体系具有相似结构的一种反钙钛矿结构(Antiperovskite)体系的研究相对较少，虽然反钙钛矿结构体系和钙钛矿体系的物理性质有相同的一面，但仍存在很多不同之处：钙钛矿结构氧化物材料大多表现为绝缘体，而反钙钛矿结构化合物则多表现出良好的导电性，电阻值大约在半导体数量级。1930 年，Morral 发现反钙钛矿结构(或称金属钙钛矿结构)，各国研究人员尤其是法国的 Stadelmaier、Nowotny 和 D. Fruchart 等人研究了大量的反钙钛矿体系化合物[4]。反钙钛矿结构化合物 MgCNi$_3$ 超导电性的发现使得反钙钛矿类材料逐渐成为凝聚态物理学家和材料学家研究的热点[5,6]。到目前为止，已经发现的反钙钛矿结构化合物有 200 余种。反钙钛矿体系的化合物显示出了许多丰富有趣的物理性质，如：负热膨胀(NTE：Negative thermal expansion)[7,8]，(近)零膨胀[9,10]，巨磁阻[11,12]，近零电阻温度系数(TCR)[13,14]，磁致伸缩效应[15,16]，磁卡效应[17]，负磁卡效应[18]，压磁效应[15,19]，超导[5,20,21]，非费米液体[22]等，然而，目前对反钙钛矿体系的研究主要关注该类材料的制备以及物理性质研究，对于大部分反钙钛矿化合物的磁学性质和电输运等物理性质尚缺少系统深入的研究。

1.2 反钙钛矿结构

反钙钛矿结构如图 1 所示，Cu$_3$Au 结构、钙钛矿 ABO$_3$ 结构和反钙钛矿 Mn$_3$XN(C)结构都是简单立方晶体结构，空间群 Pm$\bar{3}$m(221)。所谓钙钛矿结构，

一般用 ABO_3 表示，在一个立方晶格中，金属元素 A 占八个顶角位置，金属元素 B 占体心位置，非金属元素，主要指氧原子 O，占据六个面心位置。而与钙钛矿结构 ABO_3 相反，$Mn_3XN（C）$化合物在面心位置的非金属元素 O 和体心位置的金属元素分别被金属元素 Mn 和非金属元素 N（或 C）取代，因此被称为反钙钛矿结构，或金属钙钛矿结构。

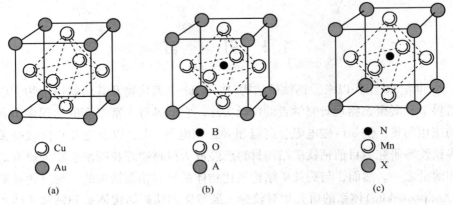

图 1　（a）Cu_3Au 结构；（b）ABO_3 结构；（c）Mn_3AX 结构

1930 年，Morral 发现了金属钙钛矿结构，即反钙钛矿结构 $M_3XN（C，B）$化合物[7]。实际上，在反钙钛矿家族中已知有两百多种化合物，大体上可以分成以下三类：

——M 为 3d 金属（Ti—Ni）、Pd 或 Pt；在这种情况下 X 不一定是过渡金属，非金属元素几乎均为 C 或 N。

——M 为稀土元素，在这种情况下 X 为ⅢA 或ⅣA 族元素，非金属元素为 C（当 M＝Nd，也可以是 N）。

——M 为 Pt 族元素（Ru，Rh，Ir，Pt），在此情况下 X 通常为稀土金属，有时也可以是锕族元素（Th，U，Np，Pu），非金属元素为 B 或 C。

1.3　反钙钛矿结构化合物理论研究

1.3.1　反钙钛矿结构化合物相关磁学理论

反钙钛矿化合物具有丰富复杂的磁性，而且其他奇特的物理性质均与其磁性变化有密切关系。如负膨胀性能就与磁体积效应（Magnetovolume effect，MVE）直接相关。材料的超导性能更与其磁性密切相关，这已是人们的共识。其他物理性能也与其磁性存在着直接与间接的关系。无论在以往的研究中，还是在我们的实验和理论分析中都大量应用磁学的相关理论。因此，有必要介绍一下常用的磁学知识以方便理解反钙钛矿化合物的磁性质。

要了解磁性的特征，就要考虑磁性的来源，通常有三种：

① 一种是带电的粒子漂移或运动产生磁场，如图 2 所示。

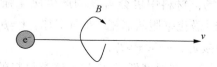

图 2　电子漂移或运动产生磁场

② 电子的自旋，这属于量子力学的范畴，见图 3。

③ 电子的轨道运动：核外电子的运动相当于一个闭合电流，具有一定的轨道磁矩，如图 4 所示。

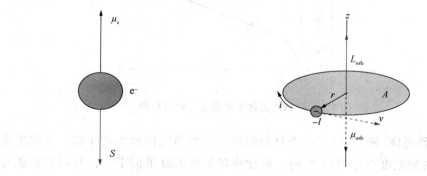

图 3　电子的自旋产生磁矩　　　　图 4　轨道磁矩与轨道角动量

而实际上，电子的轨道磁矩和自旋磁矩材料是磁性主要来源。材料中原子核的磁矩很小，只有电子的几千分之一，通常可以略去不计。固体的磁性在宏观上可以用物质的磁化率来描述，对各向同性的物质：

$$\vec{M} = \chi \vec{H} \tag{1-1}$$

磁化率 $\chi = M/H$。材料的磁感应强度为：

$$\vec{B} = \mu_0(\vec{H} + \vec{M}) = \mu_0(1 + \chi)\vec{H} \tag{1-2}$$

这里 $\mu = 1 + \chi$ 是材料的相对磁导率。

固体的磁性可分为如下几类：

① 抗磁性（磁无序）：这类材料的磁化率是数值非常小的负数，典型数值量级一般在 10^{-6} 左右。部分简单金属和大多数的绝缘体都具有抗磁性。但是超导体的抗磁性与这类材料不同。

② 顺磁性（磁无序）：磁化率是数值比较小的正数，它与温度 T 成反比关系，$\chi = \mu_0 C / T$。称为居里定律，式中 C 是常数，大部分金属都是顺磁体。

③ 铁磁性（磁有序）：这类固体的磁化率是数值很大的正数，在临界温度 T_C 以下，即使没有外加磁场，材料中也会自发的产生磁化强度。在临界温度 T_C 以上，它变成顺磁体，这时磁化率服从居里-外斯定律：$\chi = \mu_0 C / (T - \theta)$。顺磁居里点 θ 往往和居里点 T_C 很接近，一般 $\theta > T_C$。

④ 亚铁磁体（磁有序）：在温度低于 T_C 时，这类材料的磁化率和自发磁化强度均比铁磁体小。典型的亚铁磁材料是铁氧体。顺磁居里点 $\theta < T_C$，且往往为负值，如图 5 所示。

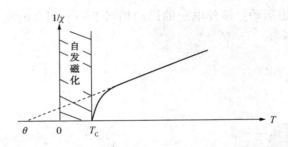

图 5　亚铁磁性磁化率随温度变化示意图

⑤ 反铁磁体（磁有序）：这类材料的磁化率数值是比较小的正数。在温度低于反铁磁转变温度奈尔温度 T_N 时，磁化率随温度的降低而下降，并且它的磁化率同磁场的取向有关；在温度高于 T_N 时，磁性表现为是顺磁性，磁化率与温度的关系为 $\chi = \mu_0 C / (T + \theta)$。

为什么材料会表现出不同的磁性？在晶体中，轨道与轨道、轨道与自旋、自旋与自旋的直接或间接的相互作用以及这些磁矩对外磁场响应的特性就构成了各种不同的磁性物质。

海森堡在 1928 年提出用量子力学来阐明铁磁性的内场，他注意到多电子体系的能量其中有一项依赖于电子自旋的取向。该能量是电子在波函数之间交换位置引起的交换分布条件下有关电荷之间的相互作用能，称为交换能（来源于电子波函数存在交叠区域）。当交换能大于零时，自旋平行的状态是能量更低的状态（与洪德定则类似）。因此，在磁畴中，自旋磁矩所以有自发平行排列的趋势，就在于铁磁体中相邻原子间电子的交换能是正的，以 J 表示交换积分，从理论可以推得铁磁体的居里温度为：

$$T_C = ZJS(S+1)\hbar^2/3k_B \qquad (1-3)$$

可见，交换积分 J 越大，T_C 越高。Z 为原子的配位数。因此 Heisenberg 等认为所谓的"内场"实际上是电子之间的"交换作用"的等效场。这个模型在定性上是成功的。但定量上有问题，例如关于 T_C 的理论值比实验值低等。

在利用分子场理论计算材料的磁性时发现对于稀土金属符合较好，其原因在前面已讨论过。表明内场理论可以比较好地描述那些电子局域性比较强的稀土元素的铁磁系统。但是对于如 Fe、Co、Ni 及其合金的磁性与内场理论差别比较大。高于居里点的 $1/\chi \sim T$ 关系不完全符合居里-外斯定律，在许多情况下这一关系对应的直线发生弯曲，顺磁状态下测得的有效波尔磁子数与实验差别较大等。所有这些主要是铁族元素的 3d 电子的非局域性造成的。因此人们又提出了巡游电子模型。铁磁现象是本征磁矩长程有序的现象，这里很主要的是对 3d 电子的认识问题，实际上 3d 电子当中有一部分能较自由地运动，即所谓的巡游电子，它的行为像自由电子。在 3d 电子中 95% 是定域的，但有大约 5% 是巡游电子。3d 电子的定域磁矩使巡游电子的自旋极化，在空间形成衰减振荡分布，传递耦合能使相邻的铁原子的本征磁矩取向于平行。

1.3.2　反钙钛矿结构 $Mn_3XN(C)$ 化合物的热膨胀理论

当温度变化时，物质的体积产生相应的变化。大多数材料在外界温度变化时都表现为热胀冷缩行为，即热膨胀系数为正值，我们称之为正热膨胀或正膨胀。也有极少数材料具有反常的热膨胀性质，热缩冷胀的行为，即在一定温度范围内，平均热膨胀系数为负值，因此我们称为负热膨胀或负膨胀（NTE）。具有负膨胀性能的材料即负膨胀材料。对于热胀冷缩和正膨胀材料大家已经非常熟悉，以下我们将主要针对负膨胀性能和负膨胀材料进行论述。

（一）正常热膨胀的物理本质

固体材料热膨胀本质归因于晶体结构中的质点之间的平均距离随温度升高而增大。晶格振动中相邻质点间的作用力实际上是非线性的，即作用力不是简单地与位移成正比。由图 6 可以看出，合力曲线的斜率在质点平衡位置 r_0 的两侧是不相等的。当 $r<r_0$ 时，斜率较大。所以 $r<r_0$ 时，排斥力随位移的改变而迅速增大；$r>r_0$ 时，引力随位移的变化缓慢地增大。在这样的受力情况下，质点振动的平均位置不在 r_0 处，而是要向右移，所以相邻质点间平均距离会增加。温度愈高，振幅愈大，在 r_0 两侧质点受力不对称的情况越显著，平衡位置向右移动得越多，相邻质点平均距离增加得就越多，导致微观上晶胞参数增加，宏观上晶体表现出膨胀的行为。

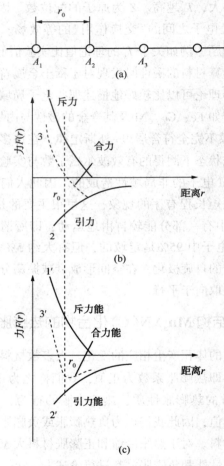

图 6　晶体质点引力-斥力曲线和位能曲线

　　如果用双原子势能曲线模型解释，可以推导出膨胀量与温度之间的关系表示式。假设两个原子相互作用中的一个固定在坐标原点，而另一个原子则处于平衡位置 $r＝r_0$（设温度为 0K）。图 7 是双原子模型及其势能变化曲线的示意图，由于热运动，两个原子的相互位置不断变化；如果假设它离开平衡位置的位移为 x，则两个原子间的距离 $r＝r_0＋x$，两个原子间的势能 $U(r)$ 是两个原子之间距离的函数，即 $U＝U(x)$。此函数可在 $r＝r_0$ 处展开成泰勒级数：

$$U(r) = U(r_0) + \left(\frac{\mathrm{d}U}{\mathrm{d}r}\right)_{r_0} x + \frac{1}{2!}\left(\frac{\mathrm{d}^2U}{\mathrm{d}r^2}\right)_{r_0} x^2 + \frac{1}{3!}\left(\frac{\mathrm{d}^3U}{\mathrm{d}r^3}\right)_{r_0} x^3 + \cdots \tag{1-4}$$

如果 x^3 以及后面的高次项被省略，则式(1-4)会变成二次函数，那么 $U(r)$ 就成为一条顶点下移 $U(r_0)$ 的抛物线，如图 7 中虚线所示。这个时候势能曲线变为具有对称性的，这时原子绕平衡位置振动时，左右两边的振幅相等。温度升高会使振幅增大，平均位置不会发生位移，仍为 r_0，因此不会产生热膨胀。但是，这种情况是与膨胀的事实相反的，因此省去 x^3 项是不合理的，不能做此省略。如果保留 x^3 项，则(1-4)方程式的图形如图 7 中的实线所示，并且该曲线不再是对称的二次抛物线。热膨胀可以利用势能曲线的非对称性来做具体解释。图 7 中作平等横轴的平行线 1，2，3，…，它们与横轴的距离分别代表在 T_1，T_2，…，T 温度下质点振动的总能量。由图可见，其平衡位置随温度升高将沿着 AB 线变化，温度升得愈高，则平衡位置移得愈远，引起晶体膨胀。

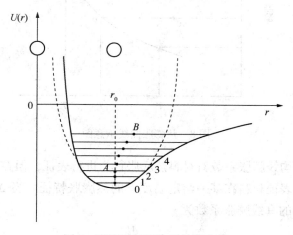

图 7 双原子相互作用热能曲线

根据玻耳兹曼统计，由上式可以算出其平均位移

$$\bar{x} = \frac{3gkT}{4c^2} \tag{1-5}$$

其中

$$c = \frac{1}{2!}\left(\frac{\mathrm{d}^2U}{\mathrm{d}r^2}\right)_{r_0}, \quad g = \frac{1}{3!}\left(\frac{\mathrm{d}^2U}{\mathrm{d}r^3}\right)_{r_0}$$

此式说明，随着温度升高，原子偏离 0K 的振动中心距离变大，物体在宏观尺度上表现出膨胀的现象。

膨胀系数是材料的重要物理参数。

如图 8，设 α 为平均线膨胀系数，$\Delta l = l_2 - l_1$ 表示 ΔT 温度区间试样长度的变化，$\Delta T = T_2 - T_1$，则

$$l_2 = l_1 \left[1 + \bar{\alpha}_1 (T_2 - T_1) \right] \qquad (1-6)$$

$$\bar{\alpha}_1 = \frac{\Delta l}{l_1 \Delta T} \qquad (1-7)$$

同理，平均体膨胀系数

$$\bar{\beta} = \frac{\Delta V}{V_1 \Delta T} \qquad (1-8)$$

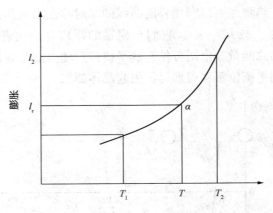

图 8　热膨胀曲线示意图

通常，用平均线膨胀系数对材料热膨胀行为进行表征，但在体膨胀系数也用于材料研究中以表征材料在某一给定温度下的热膨胀特征。当 ΔT 趋向于零，且温度为 T 时材料的真线膨胀系数为

$$\alpha_T = \frac{\mathrm{d}l}{l_T \mathrm{d}T} \qquad (1-9)$$

从实验可得到膨胀曲线 $l = l(T)$，如图 8。取 l_T 和温度的交点 a，过 a 作切线，该切线之斜率除以 l_T 即为材料在温度 T 时的真线膨胀系数。相应的真体膨胀系数

$$\beta_T = \frac{\mathrm{d}V}{V_T \mathrm{d}T} \qquad (1-10)$$

多数情况下实验测得的是线膨胀系数。对于立方晶系，各方向的膨胀系数相同，即

$$\beta = 3\alpha \qquad (1-11)$$

在金属材料和及复合材料的多晶、多相复杂结构中，由于每相及每个方向的不同 α_T 所引起的热应力问题，也是在选择材料和材料应用中应注意的问题。

热膨胀系数与其他物理量的关系

$$\alpha = \frac{\gamma}{k_0} \frac{C_V}{V} \qquad (1-12)$$

① 与比热容的关系；

② 与熔点的关系：$\alpha_1 T_M = b$；

③ 与原子序数的关系：过渡族元素具有低的热膨胀系数；

④ 与德拜特征温度的关系

$$\alpha_1 = \frac{A}{V_a^{2/3} M \Theta_D^2} \qquad (1-13)$$

⑤与纯金属硬度的关系：金属本身硬度愈高，膨胀系数就愈小。

影响热膨胀的因素通常有：合金成分和相变、晶体缺陷、晶体各向异性和铁磁性转变等[23,24]。负膨胀材料在某一温度范围内具有负的膨胀系数。

（二）负膨胀机理

不同的负热膨胀材料产生负膨胀的机理也不相同，综合传统的负热膨胀材料和我们目前研究的负热膨胀材料，其产生机制可以概括如下。

（1）相转变[25]

当加热具有负热膨胀性能的材料时，具有负热膨胀性能的材料结构一般会发生反常的变化。实际中，固体中的平均键长至少在某段较窄的温度区间内会缩短，最终会导致总体积减小。根据鲍林规则，固体材料中原子的化合价与原子之间的距离有以下关系

$$\nu = \exp[(r_0 - r)/0.37] \qquad (1-14)$$

式中，r_0 为组成原子的半径，r 为键长，ν 为化合价。从该式可以看出，键长越小，越容易成键，而键强也越大。可以从键长和键强的关系推测，规则的正八面体中的键长通常短于变形的八面体中的平均键长。例如，由于钙钛矿型结构的材料是由畸变的[MO_6]八面体顶部连接而成，并且会随着畸变八面体的对称性的增加，M—O 键的平均键长缩短。例如，$PbTiO_3$ 在 763K 经历铁电-仲电相变，这时 Ti—O 键键长会从 0.2012nm 减小到 0.1983nm，导致晶胞参数减小。

（2）桥原子的低能横向热振动

一般来讲，原子的热振动会随着温度升高而加剧，因此原子间距离增大，因此正的热膨胀发生。然而，原子的横向热运动也可以引起正的热膨胀和负的热膨胀。在二配位的桥原子的热振动中，例如 M—O—M 中（M 为金属原子，O 为桥原子），纵向的热振动会导致 M—M 的原子间距离增大，从而导致正的热膨胀的产生；但是当 M—O 间距离没有发生变化时，横向的热振动会引起 M—M 原子间

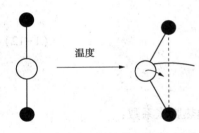

图 9 桥原子的低能横向热振动[29]

距离的缩短,从而导致负热膨胀的产生。如图 9 所示,当环境温度升高时,M—M 原子间距离会在桥原子的横向热振动的作用下缩短。在较低温度环境中,由于桥原子的横向热振动的能量低于纵向热振动的能量,所以也称为低能横向热振动。这是具有二配位桥原子结构的材料(如硅酸盐类材料等)产生负热膨胀的主要原因[26]。

通过对已知硅石和硅酸盐类负热膨胀系数化合物的概括和总结,具有桥氧原子横向热运动收缩机理的化合物必须具备以下三个条件:①必须具有开放的、低密度骨架结构,最好没有填隙离子、原子或者分子。②必须具有双配位的阳离子或阴离子,M—A—M 三个原子大致在一条直线上。双配位的阳离子是稀有的,并且仅已知 Cu₂O 具有双配位的阳离子,而且热膨胀系数在室温以下是负的。双配位桥氧离子是大多数负热膨胀系数化合物满足的条件。过量的氧的配位原子,即使配位作用很弱,也会阻碍 M—O—M 键桥氧原子的横向热振动,从而阻碍热收缩效应。③必须在 M—O 形成很强的共价键,以使 M—O 键的热膨胀非常低;使氧原子沿着 M 原子方向的热振动很弱;在 M—O—M 键垂直方向上桥氧原子横向热振动非常强[27,28]。

(3)刚性多面体的旋转耦合[30,31]

钨酸盐和钼酸盐等材料的骨架结构由四面体和八面体共用顶部连接而成。由于 M—O 键作用较强,相对 O—O 间距离比较短,因此单个多面体不会发生畸变,这些多面体是刚体。当温度升高时,刚性多面体会经历旋转耦合,但是多面体中化学键的键长和键角均不会发生改变(如图 10 所示)。八面体中心的金属原子之间的距离缩短,会导致整体体积收缩,例如钨酸锆等。

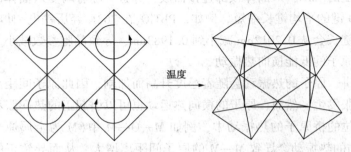

图 10 刚性多面体的旋转耦合示意图[32]

（4）阳离子迁移[33]

一些材料的晶体结构中四面体和八面体空隙会同时存在。在低温环境下，阳离子占据了四面体空隙，但在八面体空隙形成空位；当环境温度升高时，八面体空隙将会发生膨胀现象，阳离子将从四面体空隙迁移到八面体空隙，导致不同方向上晶胞参数发生不同的变化（收缩或膨胀），导致单位晶胞的体积减小，材料宏观上表现为负热膨胀的行为。例如，温度升高时，β-锂霞石在 a 轴和 b 轴方向表现为膨胀行为，但是在 c 轴方向则表现为收缩现象。

（5）固体内压转变[33]

从热力学观点来看，体膨胀和压缩系数以及固体内压之间存在如下关系

$$\alpha = V(VT)P = K(PT)V = K(SV)T \tag{1-15}$$

式中，α 为体热膨胀系数，V 为固体体积，P 为压力，K 为热压缩系数，S 为熵。通常情况下，随着材料的压力的增加和体积的减小，材料熵会减小。对于几乎所有的负热膨胀材料来讲，当它们的结构紊乱度增加的时候，他们的体积趋于减小。所以，固体材料的内部压力随温度的升高而增加时，通产会引起材料的体积收缩。

（6）界面弯曲[34]

在复合材料中，不同物相的相互结合通常会形成两相的界面和空位。当材料被加热的时候，由于各相表现出热膨胀的大小不同，常常会引起相界面的弯曲，从而导致材料在总体上产生热收缩。同时，由于复合材料大多数为多相多晶材料，因此复合材料负热膨胀呈现为各向同性的。

（7）因瓦效应[35,36]

人们对因瓦效应的微观机制进行了深入研究，并提出了许多的物理模型，但没有一种模型具有绝对的优势。通常认为，因瓦效应与产生磁有序而引起体积效应是密切相关的。因此，因瓦理论与铁磁性理论一样分为两大支，即局域电子模型和巡回（巡游）电子模型。

根据局域电子模型，因瓦效应的具体机制主要有以下几种解释。

① 交换-体积模型。

图 11 显示了不同金属的 Bethe-Slater 交换作用-原子间距曲线（图中 r_{3d} 为 3d 壳层的半径）。如图所示，在正交换作用的上升部分（即曲线峰值的左侧），如果原子间距为 a_1，则相应的交换积分为 A_1，如果交换积分增加到 A_2，则相应的原子间距增加到 a_2。交换积分的增加使得铁磁体的交换能降低。但另一方面原子间距增加引起弹性变形并改善弹性能量。当交换能与弹性能之和为最值小时，原子

间达到平衡。当温度从居里点 T_C 温度以上降到 T_C 温度以下时发生材料会产生自发磁化，并且原子间距会由于交换积分的增加而发生改变，并且这种改变是各向同性的，即发生了体积的变化。这里获得的是正的自发体积磁伸缩，即 $\omega_S > 0$（ω_S 为自发体磁致伸缩量）。类似的，在正交换效应的下降阶段（即曲线峰值的右侧），由于磁有序排列将获得负的自发磁致伸缩，即 $\omega_S < 0$。因瓦合金的 ω_S 是一个异常大的正值，比一般磁有序的材料物质高 1~2 个数量级。因瓦合金在 Bethe-Slater 曲线峰值左侧，当温度升高时，自发磁化减弱，并且交换积分 A 下降，导致原子间距 a 缩小，从而引起了晶格振动引起的热膨胀。这就是因瓦合金膨胀系数很小或为负值的原因，也就是因瓦合金负反常热膨胀的物理本质。

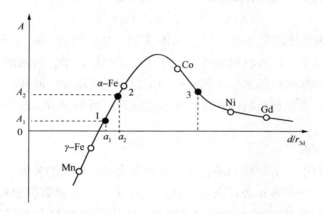

图 11　Bethe-Slater 曲线（d：晶格常数；A：交换积分）

② 潜存反铁磁性模型。

康多尔斯基（Kondorsky）等人认为，在因瓦合金中铁磁相（体积较大）与反铁磁相（体积较小）并存，温度升高，反铁磁相增多，体积补偿正常热胀而缩小。如 Fe-Ni 因瓦合金中，Ni-Ni 和 Fe-Ni 原子对呈铁磁性；Fe-Fe 原子对呈反铁磁性。

③ 双态模型。

外斯（Weiss）假设因瓦合金中存在两种电子态，即 γ_1 和 γ_2。γ_1 态电子结构是反铁磁态，有体积和磁矩均较小；γ_2 态电子结构为铁磁态，体积和磁矩均较大。γ_1 和 γ_2 之间能量差很小，并且状态转变对外部条件很敏感。随着温度升高，一些 γ_2 态被热激发至 γ_1 状态，从而产生大的磁体积效应，因此抵消点阵的热膨胀。

④ 两种交换作用模型。

两种交换作用模型类似于潜在的反铁磁模型，但铁磁性被认为源自 s 电子与

d 电子之间的 s-d 间接交换作用，反铁磁性源自 d 电子与 d 电子之间的 d-d 直接交换作用。随着温度的升高，磁矩减小并且反铁磁态增加，导致产生可以抵消点阵热膨胀的热收缩效应。

⑤ 施罗斯（Schlosser）模型。

施罗斯认为从组织结构上看合金是一种三个区域构成的不均匀固溶体。因瓦反常与过渡区的状态和数量有关。过渡区中的铁原子取决于近邻原子情况而表现出不同的电子状态和体积。过渡层体积愈大，因瓦反常愈显著。

⑥ 浓度起伏模型。

卡奇（Kachi）和阿桑诺（Asano）基于低镍 Fe-Ni 合金中铁磁相和反铁磁相共存这一事实，提出了浓度起伏模型。指出，在含镍 30% ~ 35%（原子分数）Fe-Ni 的合金中，相应的铁磁相比例为 50% ~ 70%，居里温度分布在 100 ~ 500K 区间，温度升高，浓度不同，居里点也不同铁磁相连续地从大比容的铁磁态转变为小比容的顺磁态，体积反常收缩。

以上各种模型均能够解释一些因瓦现象，但是由于模型中假设太多，显得这些基于定域电子模型的因瓦理论过于人为化了。而且，所有上述因瓦理论又都是以下面的条件为前提，即含铁面心立方结构和原子的（或磁性的）不均匀性。因此可以说，定域电子模型是有它的局限性的。

基于巡游电子模型的斯通纳（Stoner）能带理论，许多人对因瓦问题进行了深入的研究。具体机制可分为以下几种。

⑦ 能带模型。

认为交换作用使电子极化，并使不同极化方向的能带移位，电子动能和能态密度增大，能态宽度减小，这样导致点阵常数和体积增大，产生自发体磁致伸缩。

⑧ 巡游电子弱铁磁理论。

巡游电子弱铁磁性材料都具有低居里点和低磁矩或不稳定磁有序的共同特点。由于这类材料的交换劈裂很小，可把自由能展开成级数，从而解释磁性反常和热膨胀系数反常的现象。

（8）磁体积效应（MVE，即 Magnetovolume effect）

某些材料在磁相变温度附近发生突然的体积变化，这种效应称为磁体积效应。其机理尚不清楚。

1.3.3　交换偏置效应

近年来人们对存在于磁颗粒系统中耦合效应的研究兴趣日益加大，特别是铁磁与反铁磁耦合、磁光耦合、铁电与铁磁耦合以及电荷与自旋耦合等系统。这主要是由于这些系统中的电荷、自旋、极化、轨道等相互间很强的关联性以及这些关联性对环境（比如温度、磁场、电场、光等外场和体系内部的相互作用）的高度敏感特性，使得它们会表现出新的物理效应甚至呈现全新的量子效应。

交换偏置效应首次被 Meikleijohn 和 Bean 发现于 1956 年，当 CoO 外壳覆盖的 Co 颗粒加磁场冷却到反铁磁材料 CoO 的尼尔温度（T_N）77K 时，观察到样品的磁滞回线不再关于零场对称，而是沿着冷却磁场方向反向偏离原点，轴向偏移了一定距离，同时伴随着矫顽力的增加[37]（如图 12 所示），这个现象被称为交换偏置效应（Exchange bias effect），相对原点的偏移量被称为交换偏置场，并指出交换偏置效应主要来源于相邻的反铁磁层材料和铁磁层材料界面处未抵消的磁矩间的交换耦合作用。由于受到当时的检测技术与制备工艺的限制，人们对交换偏置效应的作用过程跟机理解释仅存在于猜测阶段，并没有理论与实验数据支持，所以没有引起研究热潮。随着 20 世纪 90 年代以来，交换偏置在自旋阀中的应用和开发，被证明广泛地应用于永磁体、自旋阀、高密度磁存储器和传感器中，在基础研究和应用两方面得到了人们的重视，引起了世界范围的广泛关注。

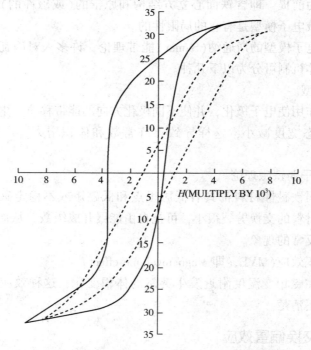

图 12　场冷却后，在 77KCo/CoO 颗粒体系的磁滞回线[37]

14

　　由于交换偏置在自旋阀和隧道器件中的基本应用，引发了人们对铁磁/反铁磁薄膜系统的广泛研究，人们对交换偏置的研究大部分都集中在薄膜体系上。大量的实验和理论研究表明，铁磁-反铁磁材料复合体系的交换偏置效应属于一种界面耦合效应。这说明存在铁磁和反铁磁的自旋系统都能够观察到磁滞回线沿磁场方向偏移的现象。近十年来，人们发现在铁磁与自旋玻璃（Spin-glass）复合材料、亚铁磁（Ferrimagnets）纳米材料、反铁磁纳米颗粒和多铁材料中都观察到了交换偏置效应，因为这些材料中本身就是一个铁磁序和反铁磁序共存的体系，因此除了在铁磁-反铁磁材料复合体系中，以上几种材料或它们的复合材料中也存在着交换偏置效应[38]。

（一）交换偏置的物理现象

　　交换偏置现象可以这样来大体描述：在低温状态下，铁磁-反铁磁界面的反铁磁自旋会平行于铁磁自旋，此时界面的铁磁/反铁磁自旋耦合作用会对铁磁的自旋施加一个额外的力矩，以便能克服外场的作用[39]。在这个简单的描述里，根据反铁磁性各向异性常数的大小，可知会有两种相反的情况：如果反铁磁层的各向异性大，我们仅能观察到磁滞回线的移动，当反铁磁层的各向异性常数较小时，只能观察到矫顽力的增加，不存在任何回线偏移。然而事实上我们一般能同时观察到这两种现象，这是因为结构或颗粒尺寸的分布状态能引起反铁磁各向异性的局部变化。

　　如图 13[40] 所示，当铁磁-反铁磁复合体系在外磁场中从高于反铁磁奈尔温度（T_N）冷却到奈尔温度以下时，铁磁材料的自旋就会被反铁磁材料所钉扎，此时铁磁材料的磁滞回线将会沿着冷却磁场方向偏离原点，此偏移量就被称为交换偏置场（H_E），一般会同时伴有矫顽力（H_C）的增加，这被称为交换偏置效应，有时

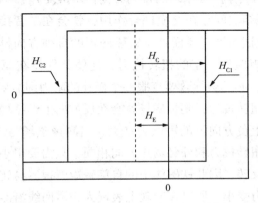

图 13　磁滞回线的偏移示意图[40]

也被称为体系存在单向各向异性[41]。这表明了当一个包含有铁磁材料和反铁磁材料的复合体系在一个外磁场中冷却到反铁磁层的奈尔温度以下时，二者的界面处通常就会产生单向各向异性。研究发现，当温度接近反铁磁材料的奈尔温度时，无论是回线的偏移还是矫顽力的增加都会消失，这说明是反铁磁材料的内部物理属性引起了这种各向异性。交换偏置场（H_E）和矫顽力（H_C）的定义如下：

$$H_E = (H_{C1} + H_{C2})/2$$

$$H_C = (H_{C1} - H_{C2})/2$$

其中 H_{C1} 和 H_{C2} 分别是磁滞回线与磁场强度坐标的左右交点处的磁场强度。

交换偏置可定性地从铁磁（Ferromagnetic，FM）/反铁磁（Anti-ferromagnetic，AF）界面间的交换耦合作用来进行解释，如图 14[42]所示，当在 $T_N < T < T_C$（T_N，反铁磁奈耳温度；T_C，铁磁居里温度）温度范围内施加外磁场时，铁磁层中的自旋方向平行于外加磁场 H 的方向，呈有序分布，铁磁性将饱和，而由于此时的温度仍然大于反铁磁层的奈尔温度（T_N），反铁磁层中的磁自旋排列仍然保持无序，处于顺磁状态。因为反铁磁层界面处的磁矩随机排列，所以反铁磁层磁矩与铁磁层磁矩之间总的交换耦合作用为零[图 14（a）]。当系统在磁场中冷却到奈尔温度以下时，即在 $T < T_N$ 温度范围内，反铁磁的自旋出现磁有序，由于界面之间的交换耦合作用，反铁磁层中那些与铁磁层相邻的原子磁矩将沿着铁磁层磁矩的方向平行或反平行排列（取决于交换积分 J_{ex}，假设此时界面为铁磁耦合）。由于要保持反铁磁层的内净磁矩为零，因而反铁磁体内的其他自旋就要跟着按照界面处反铁磁自旋顺序依次排列起来[图 14（b）]。当外加磁场的方向发生反转时，即 $+H \rightarrow -H$，铁磁层磁矩跟着外场反转，然而，一般认为反铁磁层有着较大的磁单向各向异性，界面处的反铁磁层磁矩仍然保持着原来的排列方向[图 14（c）]，不随外场变化。由于铁磁-反铁磁界面磁矩之间存在交换耦合作用，就会在二者接触处的界面上产生钉扎作用，FM 磁矩试图沿着界面处反铁磁磁矩的排列方向排列，即界面的反铁磁磁矩会对铁磁磁矩施加一定的扭转抗力，促使其保持在原来冷却场的方向上[图 14（d）]。因此，必然会导致要克服一个额外的阻力即需要更大的外磁场来克服反铁磁层产生的扭转抗力，测量磁场就会在反方向上继续增大才能使自旋完全一致，从而使回线上负方向上的矫顽力增大。当测量磁场与冷却场方向一致时，由于反铁磁磁矩的扭转抗力和外磁场正方向相同，只需要很小的磁场就可以使铁磁层磁矩向正方向反转，因此铁磁体中的自旋磁矩就很容易转向与冷却场平行的方向，左边的矫顽力变小，所以在宏观上表现为磁滞回线沿冷却场的反方向发生偏移，呈现出单向各向异性[图 14（e）]。这种现象在宏观上就表现为铁磁层的磁

滞回线相对于零场有所偏移，也就是所说的交换偏置现象。

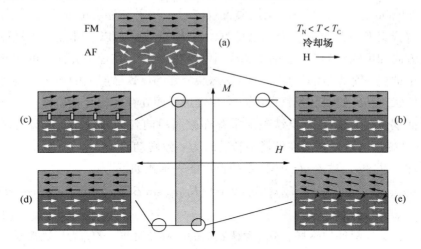

图 14　铁磁/反铁磁自旋构型的简单图像及其所对应的磁滞回线的不同阶段[42]

对交换偏置效应的产生过程有初步的定性认识，进而帮助我们理解交换偏置效应的基本现象。磁滞回线的偏移分为两个方向，既可以水平方向上左右移动也可以垂直方向上进行上下移动，从而将交换偏置效应分为水平交换偏置与垂直交换偏置两类。其中水平交换偏置是指磁滞回线沿磁场方向偏移，同时伴随矫顽力增加；垂直交换偏置是指磁滞回线沿磁化强度的方向偏移。目前，大多数的研究是水平方向的交换偏置，对于垂直方向交换偏置报道很少。在水平交换偏置效应中，根据磁滞回线的偏移方向又可以分为正交换偏置和负交换偏置。把磁滞回线沿外加冷却磁场反方向偏离称之为负交换偏置，在铁磁和反铁磁界面处的自旋磁矩相互作用为铁磁耦合作用；相反把磁滞回线向冷却磁场方向偏离称之为正交换偏置，这与在铁磁/反铁磁界面出现反铁磁耦合时有关。事实上在铁磁-负铁磁复合体系中，既存在铁磁耦合也存在负铁磁耦合，并且两种耦合是可以相互转化的，当系统中的铁磁耦合数量大于反铁磁耦合数量时，呈现出磁滞回线沿着外加冷场的负方向移动；反之，沿着磁场正方向移动。

（二）典型的交换偏置理论模型

到目前为止，大量的实验和理论研究不断加深着对交换偏置物理现象和理论依据的认识，为了更好地理解，人们已经提出了很多物理模型来解释交换偏置效应，但是每一种模型都是在一定的假设条件下提出的，只能单独用来解释特定的铁磁-反铁磁复合体系，并不适用于所有的体系的交换偏置效应。

（1）Meiklejohn-Bean 模型

Meiklejohn 和 Bean 在发现交换偏置效应后，就率先对这种现象进行了解释，提出了解释交换偏置的第一个理论模型[37]。模型假设有以下几点：①铁磁层中的自旋方向和反铁磁的自旋方向在样品中取向相同；②在理想界面处的铁磁及反铁磁原子都在一个光滑的界面上，与铁磁层相邻的反铁磁层上的原子自旋处于未完全补偿状态；③铁磁和反铁磁的自旋在理想界面处存在相互耦合作用，单位面积的界面耦合能为 J_{ex}；④反铁磁层中存在磁晶单向各向异性，各向异性常数为 K_{AF}；⑤铁磁层的磁化强度在外场中转动时为一致转动。

这样，铁磁-反铁磁双层膜体系的自由能表示式如下

$$E = -HM_{FM}t_{FM}\cos(\theta-\beta) - HM_{AF}t_{AF}\cos(\theta-\alpha) + K_{FM}t_{FM}\sin^2\beta + K_{AF}t_{AF}\sin^2\alpha - J_{ex}\cos(\beta-\alpha)$$

$$(1-16)$$

式中，H 表示外加磁场，M_{FM} 为铁磁层的净磁化强度，M_{AF} 为反铁磁层的净磁化强度，t_{FM} 和 t_{AF} 分别为铁磁层的厚度与反铁磁层的厚度；K_{FM}、K_{AF} 为铁磁层的单轴各向异性常数跟反铁磁层的单轴各向异性常数；J_{ex} 表示铁磁和反铁磁在界面处的交换耦合能；θ 和 β 分别为外磁场及铁磁层的磁化强度和其各向异性轴之间的夹角；α 为反铁磁的磁化强度和其各向异性轴之间的夹角。公式右边第一项表示为铁磁层中的 Zeeman 能，第二项是反铁磁层中的 Zeeman 能，第三项是铁磁层中的单轴各向异性能，第四项为反铁磁层中的单轴各向异，第五项为铁磁和反铁磁层之间的界面耦合能。一般情况下，反铁磁层的净磁化强度是由铁磁/反铁磁界面自旋的相互作用而引起的，由于反铁磁层的自旋对称性受到破坏，从而会产生净磁化强度。但是此磁化强度很小，其 Zeeman 能可以忽略不计。

计算结果显示：当反铁磁层的厚度 t_{AF} 大于某一临界值时，即 $t_{AF} \geqslant J_{ex}/K_{AF}$，或者反铁磁层的各向异性常数 K_{AF} 很大时，体系中都会存在交换偏置场。

假设铁磁层和反铁磁层的单向各向异性轴均平行于铁磁-反铁磁交换各向异性轴时，则交换偏置场 H_{ex} 的表达式如下

$$H_{ex} = \frac{J_{ex}}{t_{FM}M_{FM}}$$

$$(1-17)$$

上式为经典的交换偏置场 H_{ex} 计算公式，但是 M-B 模型假设反铁磁层界面处的自旋是完全未补偿的，而且假定铁磁层的磁化强度在外磁场作用下是一致转动的，这样的假设无疑是十分理想化的，因此该模型计算出来的交换偏置场与实验测量值不符，用此公式计算出的数值比交换偏置场 H_{ex} 在实验中的数值要大 2~3 个数量级。虽然界面混合和界面粗糙度可能减少未补偿自旋的数量从而减少界面

耦合能，但未补偿的净磁矩只占反铁磁材料界面总磁矩的 7%，这不足以解释如此大的差别，这正是 M-B 模型不足之处。

由于 Meiklejohn 模型的不足，后来人们尝试着用新的模型来解释交换偏置。Neel 提出了一个适用于低各向异性常数反铁磁在界面上铁磁性耦合的模型[43]。他提出的模型是通过连续近似假设，在磁化强度转动过程中，反铁磁层和铁磁层内的磁化强度都会形成畴壁结构，此时交换偏置场的大小与实验中相符合。但是他提出的模型也有很大缺陷：前提是假设连续近似，所以铁磁层和反铁磁层的厚度都存在一个最低极限值，这意味着二者的厚度不能太低；除此之外，大多数实验中并没有发现畴壁，与实际情况严重不符。虽然这一模型有它的局限性，但是对后来其他理论模型的产生起着重要作用。

（2）平行界面的反铁磁畴壁

为了解决 M-B 模型中计算出的交换偏置 H_{ex} 比实验的数据大的问题，1987 年 Mauri 等人提出了一种平行界面的反铁磁畴壁新机制[44]，并做了以下几点假设：①铁磁层的界面要求非常平整，界面耦合为铁磁性耦合，自旋在外场作用下的反转是完全一致的，同时排除了产生磁畴的情况。②铁磁层的厚度 t_{FM} 远小于铁磁层中的畴壁宽度，但反铁磁层的厚度无限。③反铁磁层在 FM/AF 界面处形成与界面平行的畴壁。考虑到反铁磁层的各向异性不是很强的情况下，铁磁层材料的磁化强度在磁化反转过程中将通过界面交换耦合作用拉动反铁磁层材料的磁化强度 M_{AF} 一起转动，进而在反铁磁层内部形成平行于界面呈螺旋状的畴壁结构，从而大大降低了铁磁层材料在磁化反转时所需要的能量和磁场，因此可以获得与实验值相符合的交换偏置场[45]。平行界面的反铁磁畴壁模型成功解释了铁磁层厚度 t_{FM} 与交换偏置场（钉扎场）H_{ex} 的关系，使得交换偏置场 H_{ex} 的大小远小于 M-B 模型中的计算值，与实验结果比较接近。但此模型也存在不足之处：要求反铁磁的各向异性能 K_{AF} 很小，这与很多实际情况并不相符；除此之外，该模型也不能解释当反铁磁层界面为补偿界面时出现交换偏置现象，而且其钉扎场甚至比未补偿时还要大。

（3）随机场模型

从上面 Mauri 提出的模型可知，Mauri 模型当时只考虑了自旋为完全未补偿时的反铁磁层界面情形，而且要求铁磁与反铁磁界面非常平整。但补偿反铁磁界面构成的铁磁/反铁磁双层膜也存在交换偏置效应，而且真实界面大都不可避免存在粗糙度或缺陷。1987 年，Malozemoff 针对粗糙的或者有缺陷的 FM/AF 界面，给出一种随机场模型[46-48]。这个模型是基于 Imary 和 Ma、Meiklejohn 和 Bean 等人的思想，考虑到了铁磁/反铁磁界面的缺陷。当体系为粗糙的界面时，在反铁磁层内会形成很多磁畴来降低体系能量，界面的粗糙度（或其他缺陷）可以引发一个随机场，这将会使平行于界面的反铁磁的畴壁被破坏，自旋在原子尺度上的分布是不均匀的，因此补偿型界面在微观尺度上或者说在界面局部的区域内也可以产生净磁矩，由于在局部反铁磁磁矩不再为零，在表面的磁畴将会产生可以钉扎铁磁自旋的未补偿磁矩，从而产生交换偏置。通过该模型得出交换偏置场大小比 M-B 模型计算出的交换偏置场值小很多，并可以定量解释一些 FM/AF 双层膜的交换偏置现象。此外，随机场模型还成功解释了其他与交换偏置有关的现象，如：温度升高会导致交换偏置场减小，反铁磁层厚度与交换偏置场间存在的关系，以及温度对交换偏置稳定性影响等。但在该模型中，Malozemoff 将铁磁/反铁磁界面处的杂质缺陷作为随机场模型唯一原因，与实际情况并不相符，使得该模型存在一些不足之处：只适用于单晶的反铁磁构成的磁系统，不适用于多晶反铁磁构成的磁系统。近来发展出了更多基于 Malozemoff 反铁磁磁畴的模型，用以解释其他现象如矫顽力的增加。

（4）Spin-flop 垂直界面耦合模型

1999 年，Koon 基于 Mauri 的模型通过微磁学计算的方法研究并提出了反铁磁层界面原子磁矩的自旋翻转 spin-flop 与铁磁层之间的垂直耦合 spin-flop coupling 模型[48]。该模型是从微磁学计算出发，认为界面交换耦合能密度是铁磁层自旋与反铁磁层各向异性轴之间夹角的函数，对于补偿型的界面而言，能量极小出现在夹角为 90° 时的情况下。该模型在冷却场的作用下，界面处的反铁磁层自旋相对于其易轴将出现一个很小的倾斜，倾斜方向则与冷却场的方向相反并形成交换偏置效应。很好地解释了交换偏置存在于完全补偿的铁磁/反铁磁界面的原因。该模型表明，交换偏置现象也可以存在于完全补偿的反铁磁界面，不一定需要界面为粗糙界面。在一些系统中，它阐明了虽然这些自旋排列没有引起交换偏置效应，然而却是矫顽力增大的重要原因。在 Koon 的模型中，表明界面处的自旋可能存在垂直耦合，而实验上也已经发现在某些交换偏置体系如：Fe_3O_4/CoO 和 Fe_3O_4/NiO 里面确实存在垂直耦合的现象。但 Koon 所研究体系只涉及有限的几种反铁磁材料，这使得 Koon 的模型也存在着一定的局限性。

1.4 反钙钛矿结构化合物特殊的晶格，及磁、电输运性质及其应用价值

反钙钛矿结构锰基化合物是最早被关注的反钙钛矿结构体系，其研究历史可

以追溯到 20 世纪 30 年代。从那时起到 20 世纪 80 年代，科学家们致力于了解其基本物理特性，如晶体结构、磁性行为，特别是磁结构，X 位点代替固溶体相图等，应用的手段包括 X 射线衍射（XRD）、中子衍射、核磁共振（NMR）、穆斯堡尔谱等[49-52]。近年来，特别是在发现 MgCNi₃ 超导电性以后，对反钙钛矿结构化合物的研究更加注重其应用性能。一些具有潜在应用价值的新性能被相继发现，如巨磁电阻、大的负磁卡效应、负热膨胀系数、恒电阻率等[8,12,13,18,53]。当环境温度升高时，这类材料伴随着某种磁相变，并且体积会突然减小，表现出反常的负热膨胀行为。同时，这类材料的电阻也会随着温度的变化发生较大的突变。其电输运（与电荷相关）性质与反常的热膨胀（与晶格相关）性质和磁相转变（与自旋相关）相互关联并且相互作用，显示出丰富的物理性质的变化。

1.4.1　反钙钛矿结构化合物负热膨胀性质的研究

反钙钛矿锰氮化物 Mn₃XN（X＝Cu，Zn，Ga）已知具有大的压磁效应和磁体积效应。磁体积效应的存在使其可能成为一种新型的负膨胀（NTE）材料。如图 15 所示，

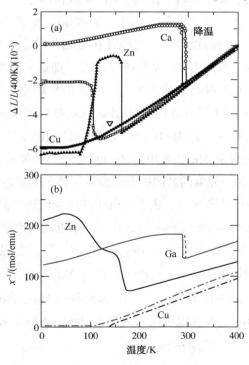

图 15　Mn₃XN 线热膨胀（a）与其磁化率曲线（b）[53]

当温度降低时，分别在 165K 和 290K，Mn_3ZnN 和 Mn_3GaN 的化合物的晶格体积表现出一个突然的显著的增加，大小约百分之几[10]。磁体积效应的存在使其成为一种新型的负膨胀材料。中子衍射研究表明，当获得立方晶体结构时，晶格反常与反铁磁转变成三角 Γ^{5g} 自旋结构有关[8,53]。

磁致体积效应引起大的体积变化，这使人们想到因瓦合金。但是，不像因瓦合金转变是二级相变，磁体积效应证明是一个强烈的一级相变。因此 Mn_3XN 至今为止还没有被任何工业应用所关注。如果引入一种松弛剂，则不连续膨胀可能被扩展，就能够开发具有实际应用价值的 NTE 材料。通过部分替换组元的实验研究证实了这种可能性。

2005 年，日本科学家在研究 Ge 掺杂反钙钛矿结构锰氮化合物 Mn_3XN（X＝Zn，Ga，Cu 等）中首次发现了具有可调控热膨胀系数的负热膨胀材料[54,55]。所谓负热膨胀就是指体积随着温度的升高而不断收缩的现象。以前的研究结果表明，Mn_3XN 在温度上到磁相变时，体积通常会突然迅速地减小。由于变化不连续，因此不能作为负热膨胀材料来使用。用 Ge 取代部分 X 后，发现其体积变化不仅连续而且温和，并且发生了负热膨胀。该项研究最重要的发现是 Ge 含量的增加延长了磁体积效应的温度范围。与磁性转变相关的晶格膨胀在 $x=0.15$ 时具有明显的不连续跳跃，但随着 Ge 含量进一步增加这一突变逐渐大。在很宽的温度范围内，这种连续的晶格变化产生了一个大的负斜率（大的负热膨胀行为）。如图 16 所示，当 $x=0.47$ 和 0.5 时，$Mn_3Cu_{1-x}Ge_xN$ 在室温附近很大温区内实现了负膨胀，负膨胀系数 α 分别为 $-16\times10^{-6}K^{-1}$ 和 $-12\times10^{-6}K^{-1}$。

用 Ge 来对 Mn_3ZnN 和 Mn_3GaN 中的 Zn 和 Ga 进行替换时，没有发现负膨胀区域展宽，但是通过与另一元素的共同掺杂时发现了体积突变展宽的现象。用 Mn 部分替换 X，或用 C 部分替换 N 时，由于价电子的减少使转变温度降低。通过在 Mn 或 C 位置进行掺杂 30%～40% 水平的 Ge，在室温附近成功地获得了具有较宽温度范围的负热膨胀行为。例如，$Mn_3(Ga_{0.7}Ge_{0.3})(N_{0.88}C_{0.12})$，在温度区间为 197～319K（$\Delta T=122K$），负热膨胀系数为 $\alpha=-18\times10^{-6}K^{-1}$；$Mn_3(Ga_{0.5}Ge_{0.4}Mn_{0.1})N$，在 334K 以上负热膨胀系数为 $\alpha=-3\times10^{-6}K^{-1}$。用 Fe 部分替换 Mn 也能够降低有效温度，如 $(Mn_{0.96}Fe_{0.04})_3(Zn_{0.5}Ge_{0.5})N$ 在温度区间为 316～386K（$\Delta T=70K$）时，负热膨胀系数为 $\alpha=-25\times10^{-6}K^{-1}$，如图 17 所示。

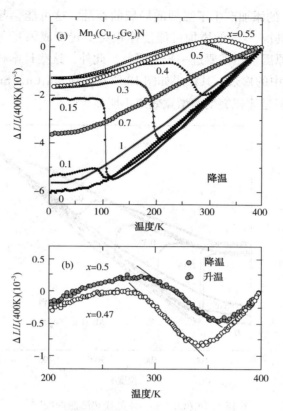

图 16 （a）$Mn_3(Cu_{1-x}Ge_x)N$ 线热膨胀及（b）$x=0.47$，0.5 时的负膨胀行为[53]

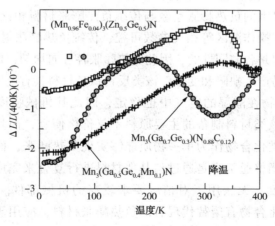

图 17 含 Ge 固溶体的线热膨胀曲线[8]

他们认为 Ge 的添加产生了强烈的局域的紊乱，这可能会起到铁磁松弛剂一样的松弛作用。其次，Ge 的添加可能使体积突变转变成因瓦合金类型的二级相变。扩展的微观原因仍然需要进一步的研究。此外，这些日本科学家还研究了元素 Sn 在 Mn₃CuN 中的掺杂，其结果如图 18 所示，在 $Mn_3Cu_{1-x}Sn_xN$ 化合物中也发生了体积突变，但是体积突变的增宽效果不明显[29]。

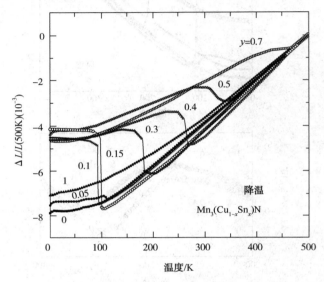

图 18　$Mn_3(Cu_{1-x}Sn_x)N$ 的线热膨胀曲线[29]

反钙钛矿类的负热膨胀材料与传统的负热膨胀材料相比具有很多优点：其中反钙钛矿材料的最大的负热膨胀系数与传统负热膨胀材料相比约大一个数量级，而且如膨胀系数、操作温区等相关参数可控；传统负热膨胀材料多为各向异性，而反钙钛矿类材料是各向同性的，因此负热膨胀各方向均匀，即使反复进行升温和降温，也不容易产生缺陷和变形；该类反钙钛矿材料具有金属特性；而且反钙钛矿 Mn₃XN 化合物在潮湿的空气中也稳定，因此其机械强度能与铁和铝等金属材料相匹敌；该类材料制备的主要原料不仅价格便宜，而且环境友好。更重要的是反钙钛矿类化合物作为单一物质能够实现负热膨胀，而传统的负热膨胀材料膨胀系数的调整通常都是通过与其他材料进行复合来完成的，因此很难确保材料的机械强度，无法用于对精度要求较高的机械部件。因此综合以上优点，反钙钛矿类化合物有望替代现有的负热膨胀材料，应用于精密光学和精密机械部件领域。

1.4.2 反钙钛矿结构化合物磁性质研究

（一）Mn₃GaC(N)化合物中磁卡效应的研究

近年来，由于气体工质制冷对大气中臭氧层造成的损害，科学家们一直专心研发新的制冷工质和制冷机，其中磁制冷技术是一种绿色环保、经济、高效的制冷技术[56]。这种制冷技术不仅效率高，而且能进行循环交替制冷[18,32,57,58]。常温下，磁制冷的原理是利用由铁磁材料中居里温度附近涨落效应引起大的磁熵变，但是由于只有超导磁体的强磁场才能提高冷却效率，由于这个原因又限制了磁制冷技术在实际中应用。因此，研究人员一直在考虑如何减少磁制冷场，并且提高制冷效率。因此制冷工质的研究成为磁制冷的核心问题。从磁制冷的原理可以看出，如果要在低场中获得具有较大的磁卡效应（Magnetocaloric effect）的材料，则需要材料的磁相变为铁磁相变，使得具有铁磁相变的材料成为磁卡效应的研究热点。磁卡效应：磁热效应又称负磁热效应，可以分为正、负磁热效应。具体地，材料在等温条件下加磁场时，磁熵减小（增加），向外界放出（吸收）热量，再绝热去，磁熵增加（减小）。由于总熵保持不变，晶格熵将减小（增加），从而使材料自身温度降低（升高），即为正（负）磁热效应。其标志性物理量为绝热磁熵变化（ΔS_{mag}）或绝热温度变化（ΔT_{ad}）。

然而，铁磁相变的前提条件限制了磁制冷材料的发展。T. Tohei 等[18]发现在反钙钛矿结构的 Mn₃GaC 材料中具有较大的负磁卡效应，这类材料在 165K 左右存在铁磁-反铁磁转变，这扩展了磁制冷工质材料的选择范围。图 19 所示为 Mn₃GaC 的 ΔS_{mag} 对温度的依赖关系。在 2T 的磁场条件下，Mn₃GaC 材料具有较大的磁熵变化，$\Delta S_M = 15 J/(kg \cdot K)$，并且绝热温度变化值为 5.4K。M. H. Yu 等对 Mn₃GaC 材料的研究表明，在材料的晶格突变处发现正磁卡效应[59]。日本学者[60,61]研究了 Mn₃GaC 材料中 C 元素的缺失对磁卡效应的影响。结果表明，C 含量的损失导致磁卡效应消失，是由于 C 原子对于 Mn—Mn 间距的影响造成的。

以上讨论的磁卡效应只是发生在反铁磁到铁磁一级相变温度附近，B. S. Wang 等研究了 Ga₁₋ₓCMn₃₊ₓ 材料的磁卡效应[62]，通过实验发现此类材料的磁熵的变化与铁磁到顺磁的二级相变相对应。随着 x 的增加，二级相变的温度从 250K（$x=0$）增加到 323.5K（$x=0.08$），这是由于 Mn—Mn 原子间距的减小使得 FM 相的交换作用增强，导致磁相变温度增加。在二级相变过程中没有发现磁或者热的滞后，但是随着 x 值的增加磁熵变的峰被扩宽了，磁熵变的极值减小，如图 20 所示。

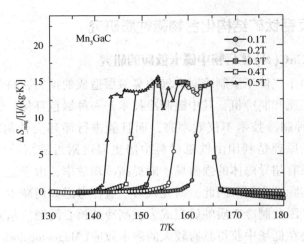

图 19　Mn₃GaC 的负磁卡效应[18]

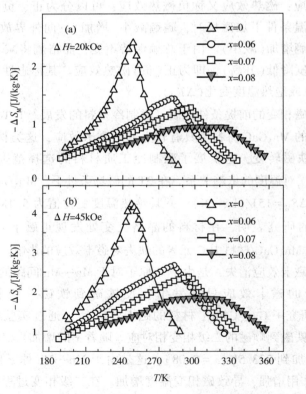

图 20　不同掺杂量的 Ga₁₋ₓCMn₃₊ₓ 磁熵随温度的变化[62]

以上通过对 Mn_3GaC 的磁卡效应的研究表明，通过控制元素的含量可以有效地调控磁卡效应的温区和大小，这将有助于此类具有磁卡效应材料的实际应用。

中科院陈小龙课题组[63]探讨了 Mn_3GaN 的自旋玻璃态行为，研究表明 Mn_3GaN 材料中化学成分的微量变化，尤其是 N 空位会对其晶格、磁有序产生较大影响。最近，Pavel Lukashev 等[60]报道了 Mn_3GaN 化合物具有压磁效应，即加载一个平面应力会改变 Mn_3GaN 的磁结构。这些都是近年来在此类材料体系中发现的有趣物性。

（二）$Mn_3SnC(N)$ 化合物的磁卡效应、负热膨胀和磁致伸缩的研究

很多年前，具有负热膨胀性能的反钙钛矿结构 Mn_3SnC 化合物就已经被研究。中子衍射分析研究表明，在低温范围内，Mn_3SnC 存在亚铁磁相。随着温度的升高，亚铁磁相逐渐转变为顺磁相的同时，晶格发生了突然收缩的现象[61]。这表明反钙钛矿结构 Mn_3SnC 化合物发生了一级相变。Wang 等[64]研究了反钙钛矿结构 Mn_3SnC 化合物磁阻与外加磁场间的关系。他们研究发现，在外加 50kOe 磁场的条件下，Mn_3SnC 化合物在居里温度附近的正磁阻效应为 11%。更有趣的是，通过改变居里温度附近外加磁场，可以对电子自旋的无序度进行调节，从而产生负磁阻效应。这表明在居里温度附近晶格、电子自旋和电荷自由度之间的存在强关联关系。研究者通过计算霍尔系数得出材料可能存在不同类型的载流子，并且电子结构在居里温度附近发生了重新排列。正是这种电子结构的重新排列导致反钙钛矿结构 Mn_3SnC 化合物在居里温度附近具有着较大的磁卡效应[65]。

Ge 在 A 位的掺杂对磁体积效应（MVE）有很大的影响，但是在反钙钛矿 Mn_3SnC 化合物中 Ge 的掺杂却使得材料的磁体积效应减弱[67]。根据朗道理论，与磁体积效应相关的材料体积膨胀系数 ω 与材料的弹性模量和自发磁化强度成正比。研究者指出，Ge 的掺入减小了 Mn—Mn 间的原子距离，引起了弹性模量与磁化强度之间的竞争，最终磁体积系数减小。Cong Wang 等人对反钙钛矿 $Mn_3SnC_x(x=0.6\sim1.0)$ 化合物也进行了研究。研究表明[66]，碳元素的含量的改变可以对反钙钛矿 Mn_3SnC_x 化合物的磁性质进行调节，但是不会改变反钙钛矿 Mn_3SnC_x 化合物的立方结构。反钙钛矿 Mn_3SnC_x 化合物的磁有序温度随着 C 含量的增加逐渐升高，最高可以达到 300K，同时反铁磁性逐渐减弱，直至最后消失。在反钙钛矿 Mn_3SnC_x 化合物中，C 元素含量的变化并未对材料的磁体积效应产生明显的影响，因为在 Mn_3SnC_x 化合物中与在 Mn_3SnC 中一样，仍能发现较大的磁体积效应。在磁相变温度附近，反钙钛矿 Mn_3SnC_x 化合物的电阻-温度（即 $\rho-T$）曲线发生了反常变化，在 $\Delta T=200K$ 的范围内电阻温度系数均为负值。如图15所

示,尤其值得注意的是 $Mn_3SnC_{0.9}$ 化合物的电阻率在温度 $50\sim150K$ 的范围内几乎保持不变(图 21)。对 Mn_3SnC_x 的研究还发现,由于磁有序转变开始时 Mn_3SnC_x 化合物的磁矩较小,产生的自发磁致收缩不足以抵抗体系的弹性能,所以磁有序没有对晶格产生明显影响,因此的负热膨胀的发生温度始终低于其磁有序转变温度。Mn_3SnC_x 系列化合物磁矩随着温度的降低逐渐增大,自发磁致伸缩能量增加到能够平衡体系的弹性能,晶格开始发生热膨胀行为,膨胀系数发生变化产生拐点。然而,这种影响在初始阶段不能完全抵消由原子的非谐振动引起的正常热膨胀,并且有可能出现近零膨胀现象;当温度进一步降低自发磁致伸缩大于正膨胀时,会导致晶格产生收缩现象,因而出现了负热膨胀行为。

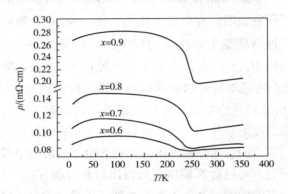

图 21　Mn_3SnC_x 系列材料的电阻率随温度的变化[66]

大部分的反钙钛矿化合物的居里温度低于室温,而且磁与晶格具有较强的耦合作用。$Mn_{3.3}Sn_{0.7}C$ 化合物的居里温度较高,因此其在室温环境下表现为铁磁性,所以其磁化状态与晶格的耦合作用的研究可以在室温下进行。Cong Wang 等人对 $Mn_{3.3}Sn_{0.7}C$ 化合物磁致伸缩系数测试表明[68],从开始加磁场起,磁致伸缩系数在三个方向均为负数。经研究发现,在外加磁场时 $Mn_{3.3}Sn_{0.7}C$ 化合物的体积发生了与一般的体积磁致伸缩不同的收缩,$Mn_{3.3}Sn_{0.7}C$ 化合物的体积发生的收缩是从一开始加磁场就发生了而不是磁化强度饱和后发生的。

1.4.3　反钙钛矿结构化合物电输运性质研究

(一) Mn_3CuN 近零电阻温度系数及磁致伸缩效应

具有低电阻率温度系数的电阻材料广泛应用于精密测量和集成电子器件等领域。根据图 22 中 Mn_3CuN 化合物的电阻率与温度关系曲线可知,电阻率在亚铁磁-顺磁相变温度(150K)以上几乎不随温度变化而发生变化,其电阻温度系数

$\rho_0^{-1}(\mathrm{d}\rho/\mathrm{d}T)$（TCR）为46ppm/K（其中$\rho_0$为273K时的电阻率），这个值与零电阻温度系数的材料的最大值25ppm/K很接近[13]。Mn_3CuN化合物在空气中稳定性比较好，因此有希望应用在薄膜电阻器（Thin film resistor）和精密测量仪器等领域。

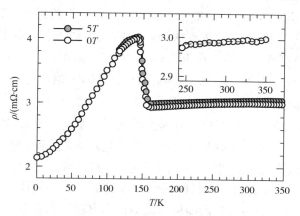

图22　Mn_3CuN的电阻率与温度关系图[13]

此外，继发现Ge掺杂Mn_3CuN系列材料具有大的负热膨胀效应以后，K. Takenaka又报道了在磁有序转变发生时，Mn_3CuN化合物伴随大的磁致伸缩效应，如图23所示[23]。与磁场平行方向膨胀0.2%，并且在磁场垂直方向收缩0.1%。

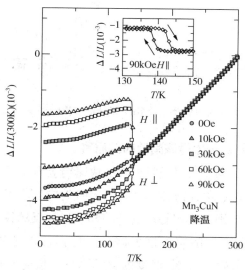

图23　Mn_3CuN平行和垂直于磁场方向的磁致伸缩[23]

（二） Mn₃NiN 近零电阻温度系数行为

由于近零电阻温度系数的奇特物理性质，引起了许多相关科学研究人员的关注。Cong Wang 等人[69]首先发现了 Mn₃NiN 化合物中较小的电阻温度系数的现象，并且对 Mn₃NiN 的磁相转变的性质以及负热膨胀性能进行了研究。随温度的降低，Mn₃NiN 化合物磁输运性质从顺磁相转变为铁磁相。材料的电阻在低于240K 时呈现金属型特性。温度高于 250K，材料的电阻随温度变化很小，表现出小的电阻温度系数，如图 24 所示。Mn₃NiN 的 $d\rho/dT$ 值和 $\rho_0^{-1}(d\rho/dT)$ 值分别为 $7.17 \times 10^{-8}\Omega \cdot cm/K$（比 Mn₃CuN 材料的小很多）和 $12.3 \times 10^{-5}/K$，这说明 Mn₃NiN 材料的电阻与 Mn₃CuN 材料相比，对温度的依赖性更小。在 240K 左右，Mn₃NiN 化合物发生了铁磁相变，正好与低电阻温度系数效应的温度相符合，表明了电子的自旋有序对电阻的变化产生了一定的影响。除此之外，他们还研究了材料的负热膨胀行为。在 240K 左右，材料的晶胞参数发生突变，并且突变温度范围与磁相变温区基本一致，表明材料的晶格、磁结构和电输运的强关联关系。

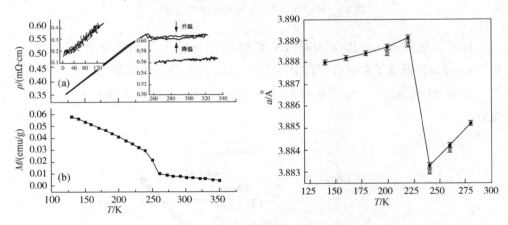

图 24　Mn₃NiN 电阻率、磁化率和晶格常数随温度变化曲线[69]

（三） Mn₃GaC 化合物中巨磁阻效应的研究

磁存储和记忆材料的发展对磁阻材料的快速响应提出了更高的要求，研究人员发现反钙钛矿 Mn₃GaC 化合物具有较大的磁阻效应。由于 Mn₃GaC 化合物的热膨胀表现为各向同性，因此不容易产生缺陷和变形。反钙钛矿结构的 Mn₃GaC 材料具有丰富的磁结构[70]。随着温度的降低，反钙钛矿结构的 Mn₃GaC 材料在250K 时发生了铁磁性转变；随着温度的继续降低，反钙钛矿结构的 Mn₃GaC 材料在 150K 附近又由铁磁相转变为反铁磁相（AFM）。经研究表明[71]，在不同的外加磁场的作用下，材料的磁转变温度也会发生明显的变化。在奈尔温度附近，随着温度的降低，反钙钛矿结构的 Mn_3GaC 材料的晶格常数和电阻率突然增加。反钙钛矿结构 Mn_3GaC 具有良好的磁阻特性，在 0.3T 得到的磁阻值为 $\frac{\rho(H)-\rho(0)}{\rho(0)}=$ -50%，即负磁阻值为 50%。如图 25 所示，这在金属间化合物中是并不常见的。在温度约为 160K 附近，在反铁磁到铁磁的转变之间产生了中间相（AFM 和 FM 共存区），这可以从晶格参数的变化中看出来。电输运性质的变化正是由于这种磁结构的转变引起的。K. Kamishima 等[12]通过研究在相变点附近霍尔系数的变化表明反钙钛矿化合物 Mn_3GaC 材料所表现出的巨磁阻效应是在施加磁场条件下，载流子浓度在反铁磁相到中间相转变时的变化造成的。

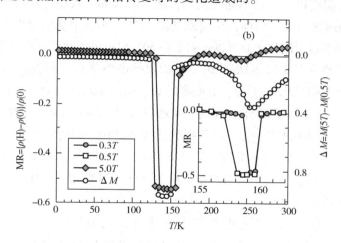

图 25　Mn_3GaC 在磁场为 0.3T 下磁阻随温度的变化[10]

随后，J. H. Shim 等[72]研究了 Mn_3GaC 的电子结构，并在理论上证明了铁磁相和反铁磁相的共同存在。第一性原理计算表明，反铁磁的费米面处的电子密度与铁磁相费米面处的电子密度接近，从而形成了一个中间相。这一中间相的发现将有利于研究电子与晶格的强关联关系。

（四）$MgCNi_3$ 超导电性研究

继 He 等[5]发现 $MgCNi_3$ 的超导电性后，Li 等[73,74]详细研究了母体的电输运性质、热电势、霍尔效应、磁电阻和热导等基本性质。通过拟合正常态电阻率，发现温度高于 70K 时电阻率满足 Bloch-Grüneisen 理论，而温度低于 50K 时，电阻率近似满足 $\rho \sim T^{1.7}$，研究者认为 50K 以下的电阻率出现的反常变化与 50K 附近电子状态发生转变密切相关。霍尔系数 R_H 与温度关系测量显示霍尔系数 R_H 在整个温区都是负值，表明载流子为电子。常规的各向同性金属的霍尔系数 R_H 几乎与温度无关，而反钙钛矿 MgCNi$_3$ 化合物的霍尔系数 R_H 对温度依赖性很强。在室温附近，MgCNi$_3$ 的热电势 $S(T)$ 近似为线性，在 150K 附近发生偏离，这种现象说明除了声子扩散外还有其他因素影响，这可能是由于电声子相互作用的重整化效应引起的。$S(T)$ 曲线上没有观察到明显的声子曳引峰，并且在整个温度范围内都是负值，这也表明了载流子为电子。在非常纯的金属中，热导率 $k(T)$ 通常随着温度的降低先增加到最大值，然后随着温度降低而降低。由于反钙钛矿结构 MgCNi$_3$ 化合物中缺陷、杂质和晶界等的存在限制了低温下热导率 $k(T)$ 的增加。在整个温度范围内，磁电阻均为正值。反钙钛矿 MgCNi$_3$ 的磁电阻 $\Delta\rho/\rho_0$ 与 $(H/\rho_0)^2$ 关系曲线在 50K 温度以下具有不同的斜率，偏离了 Kohler 规则，这可能与上面所述的电子状态的改变有关。同样，在核磁共振(NMR)实验中观察到多晶样品的奈特位移在 50K 以下趋于饱和，似乎也表明了在 50K 附近电子状态也存在变化。

此后许多研究者对反钙钛矿 MgCNi$_3$ 的超导电性进行了研究。获得了相关实验参数，例如上临界场 $H_{c2}(0)$、下临界场 $H_{c1}(0)$、载流子浓度 n、正常态低温电子比热系数 γ_n、电声子耦合常数 λ、穿透深度 $\lambda_{GL}[\kappa(0)=\lambda_{GL}(0)/\xi_{GL}(0)]$ 和 Ginzburg-London 关联长度 ξ_{GL}，以及超导能隙 Δ 和德拜温度 Θ_D 等。由相关参数似乎可以得出：MgCNi$_3$ 是一个传统的 BCS(Bardeen-Cooper-Schrieffer)类 s 波配对的、中等电声子耦合强度、第二类单能隙超导体。尽管如此，MgCNi$_3$ 研究中仍然存在着许多分歧，特别是超导电子配对问题。

研究者对 MgCNi$_3$ 的其他物性如光学性质和机械性能等进行了研究。Yao 等[75]对其进行了内耗测量，研究发现对于超导样品在 300K(P1)和 125K(P2)各有一个内耗峰，并且当测试频率增加时 125K 的 P2 峰向高温侧移动，而 300K 的 P1 峰不动。研究者认为 P2 峰与碳原子在偏心位置的跳跃有关，而碳原子的行为与某些物理量如热电势、电阻率在 50K 和 150K 的跳跃有关。非超导的样品(存在碳缺位)仅在 250K 有一内耗峰。Zheng 等[76]测量了不同 MgCNi$_3$ 的光导和光反射谱，经分析发现 Ni3d 能带明显占据了费米能级附近的电子结构。

另一方面，相关的理论工作者也尝试采用第一性原理计算等手段来获得 MgCNi$_3$ 的电子结构、晶格振动等信息[77]。MgCNi$_3$ 电子能量密度特征在于费米能级为 0.5eV 处的态密度峰值，这主要来源于 Ni3d 态的贡献。该峰的存在对于 BCS 超导是有利的，但过渡族金属间化合物大能量密度也会增强自旋涨落，甚至使系统接近铁磁不稳定性，破坏传统的 BCS 超导电性。Rosner 等[21]认为 MgCNi$_3$ 体系接近铁磁不稳定，并预言适当的空穴掺杂，例如将 12% 的 Mg 用 Na 或 Li 替代，就可以引起铁磁不稳定。声子谱及晶格振动等研究方面，Yu 等[78]认为对强电声子耦合的产生主要来源于 Ni 原子向八面体间隙位置移动所产生的声子。Heid 等[79]在声子谱实验中观察到 $MgCNi_3$ 的低频 Ni 声子模的软化行为，但计算发现，这种初始的晶格不稳定与超导性没有直接关系。最近 Jha 等[80]通过理论计算发现低频区域的声子模软化行为，并且声子模之间存在相当程度的杂化。据以上证据可以推断 $MgCNi_3$ 是一个强电声子关联的 BCS 超导体。

1.4.4　反钙钛矿结构化合物热导性和电导性的研究

反钙钛矿化合物导电导热性能良好，S. Lin 等[81,82]研究了 Fe 基反钙钛矿化合物 $AlC_{1.1}Fe_3$ 和 $ZnC_{1.2}Fe_3$ 热力学性质。零场条件下，5~330K 温度范围内 $AlC_{1.1}Fe_3$ 和 $ZnC_{1.2}Fe_3$ 化合物如图 26(a) 和图 27(a) 所示。$AlC_{1.1}Fe_3$ 和 $ZnC_{1.2}Fe_3$ 化合物的热导率 $\kappa(T)$ 曲线分别在 110K 和 50K 左右，有一个很明显的宽化的峰。一般来说，热导率由电子热导率 κ_e 和晶格热导率 κ_L 两个部分组成，即 $\kappa(T) = \kappa_L(T) + \kappa_e(T)$。

电子热导率 κ_e 可以用 Wiedemann-Franz(WF) 定律计算，$\dfrac{\kappa_e \rho}{T} = L_0$，$L_0 = 2.45 \times 10^{-8}$ W·Ω/K^2 为洛伦兹常数。κ_L 由 $\kappa(T) - \kappa_e(T)$ 获得。晶格热导率 κ_L 明显大于电子热导率 κ_e，因此 5~330K 温区范围内的热导率 $\kappa(T)$ 主要来源于晶格热导率 κ_L。由于晶格热导率 $\kappa_L(T)$ 曲线与 $\kappa(T)$ 曲线具有相似性，曲线 110K 峰的展宽很有可能是由声子引起的。通常，在很多固体中，热导率-温度曲线的反常变化的典型的特征之一就是随着温度的降低声子冻结增多的作用伴随着热散射的减少。

$AlC_{1.1}Fe_3$ 和 $ZnC_{1.2}Fe_3$ 化合物零场下 5~330K 温度范围内的热导势 $\alpha(T)$ 如图 26(b) 和图 27(b) 所示。热导势 $\alpha(T)$ 反应了例如载流子的类型。$AlC_{1.1}Fe_3$ 和 $ZnC_{1.2}Fe_3$ 化合物在 5~330K 温度范围内的热导势 $\alpha(T)$ 均为正值，这表明主要的载流子类型为空穴，而其他的 Mn 基的反钙钛矿化合物主要载流子类型为电子。随着测试温度的升高，$AlC_{1.1}Fe_3$ 化合物的热导势 $\alpha(T)$ 逐渐变大，并且在 200K 附近存在一个很明显的宽化峰，经分析很可能是由声子散射引起的。为了进一步直接获得 $AlC_{1.1}Fe_3$ 化合物的载流子类型，S. Lin 等人还进行了霍尔系数的测量，如图 26(c) 所示。$AlC_{1.1}Fe_3$ 化合物的霍尔系数 R_H 在 10~300K 温度范围内为正值，表明主要的载流子类型为空穴型，结果与热导势 $\alpha(T)$ 的结果一致。同时，随着温度的增高，伴随着铁磁-顺磁相转变，霍尔系数 R_H 初始阶段可以粗略地视为是常数然后增加(300K 温度下霍尔系数 R_H 接近 200K 温度下霍尔系数的两倍)。因

此，载流子浓度可以用公式 $n_H = \dfrac{1}{|e\,R_H|}$ 来计算，e 为基本电荷。经试验发现低温时铁磁相的载流子浓度 n_H 值是高温顺磁相载流子浓度的两倍。并且 $AlC_{1.1}Fe_3$ 化合物的电子结构是多波段的。而 $ZnC_{1.2}Fe_3$ 化合物的热导势 $\alpha(T)$ 先是随着温度的升高而增加，当温度达到 125K 时热导势达到峰值 35μV/K 后，随着温度的升高逐渐降低。然而在 Heusler 合金（如 Ni_2MnGa）中也发现了类似的行为，在高温处也存在一个很宽的峰，是由于电子态密度存在伪能带引起的。在 $ZnC_{1.2}Fe_3$ 化合物的电阻率–温度曲线中不存在反常的变化，因此这个宽峰应该是由声子散射引起的。

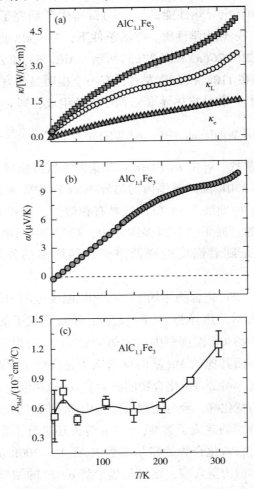

图 26　（a）$AlC_{1.1}Fe_3$ 化合物零场下（5~330K）与温度有关的热导率 $\kappa(T)$，电热导率 κ_e 和晶格热导率 κ_L；（b）零场下与温度有关的热电势 $\alpha(T)$；（c）$AlC_{1.1}Fe_3$ 的霍尔系数[82]

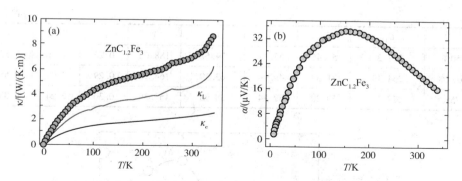

图 27 （a）ZnC$_{1.1}$Fe$_3$化合物零场下（5～330K）与温度有关的热导率 $\kappa(T)$，
电热导率 κ_e 和晶格热导率 κ_L；（b）零场下与温度有关的热电势 $\alpha(T)$ [81]

1.4.5 反钙钛矿结构化合物机械性能的研究

Nakamura 等[83]首先发现了 Mn$_3$（Cu$_{1-x}$Ge$_x$）N 的硬度和杨氏模量随着 Ge 含量的增多而增大。当 Ge 的掺杂含量为 50% 时，体系的维氏硬度（Vickers hardness）为 140～240Hv，而杨氏模量为 210～320GPa。接着 Huang 等[84]测量了 Mn$_3$（Cu$_{0.6}$Si$_x$Ge$_{0.4-x}$）N 的弹性性质。当 Si 的掺杂含量达到 15% 时，体系的杨氏模量为 111.2GPa。在计算工作中，曲冰雁等[85]通过第一性原理计算研究了 Mn$_3$（Cu$_{1-x}$Ge$_x$）N 在不同 Ge 掺杂含量时的弹性性质（如表 1 所示），在理论上进行了预测，并讨论了 Ge 分布对体系弹性性质的影响。随着 Ge 含量的增大，体系的体积模量历经两个变化过程：当 Ge 的掺杂含量小于 50% 时，随着体系中的 Ge 含量的增大，体积模量增高；当 Ge 的掺杂含量超过 50% 时，体系的体积模量随着 Ge 含量的进一步的增大而减小。计算工作中得到，Mn$_3$（Cu$_{1-x}$Ge$_x$）N 化合物中 Ge 的掺杂含量小于 50% 时，体积模量随着 Ge 含量的变化趋势与实验结果基本一致（图 28）。

表 1 不同 Ge 浓度和 Ge 分布下，体系的弹性常数（C_{ij}，单位 GPa），Hill 近似下的
剪切模量（G_H，单位 GPa），杨氏模量（γ，单位 GPa），泊松比（σ），体积模量和剪切
模量的比值（B/G_H）和各向异性因子（A）[85]

	C_{11}	C_{12}	C_{44}	G_H	Y	σ	B/G_H	A
12.5%	265.37	50.11	56.32	73.21	183.00	0.25	1.66	0.52
25%	275.67	53.92	58.38	75.70	189.67	0.25	1.68	0.53
37.5%	270.65	49.01	55.82	73.73	184.33	0.25	1.66	0.50
50%	274.26	55.14	53.81	71.84	181.59	0.26	1.78	0.49

续表

	C_{11}	C_{12}	C_{44}	G_H	Y	σ	B/G_H	A
50%	277.27	58.45	57.37	74.52	188.02	0.26	1.76	0.52
62.5%	254.49	71.52	49.94	63.79	164.90	0.29	2.07	0.55
75%	278.35	59.20	37.84	58.90	153.86	0.30	2.24	0.35

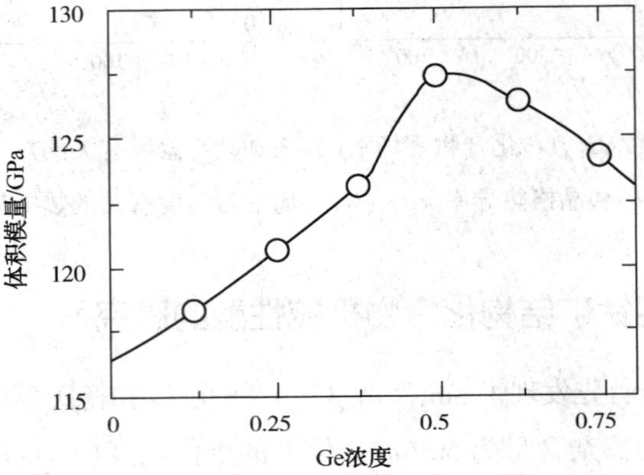

图 28　Mn₃(Cu₁₋ₓGeₓ)N 的体积模量随 Ge 浓度的变化关系[85]

1.5　反钙钛矿结构化合物的研究现状

1.5.1　国际研究现状

近年来，日本的研究学者在反钙钛矿化合物领域做了大量工作。例如，K. Kamishima 等报道了反钙钛矿化合物 Mn₃GaC 的巨磁阻效应[11]；2003 年 T. Tohei 等[17]等报道了反钙钛矿化合物 Mn₃₋ₓCoₓGaC 中的巨磁卡效应。2005 年日本理化研究所 K. Takenaka 等通过在反钙钛矿 Mn₃AN 化合物中化学元素 Ge 的掺杂展宽了 Mn₃AN 化合物的晶格收缩的行为[8]。之后又对反钙钛矿 Mn₃CuN、Mn₃GaN 和 Mn₃ZnN 化合物中 Sn 的掺杂效应进行了研究。用化学元素 Sn 取代反钙钛矿化合物 Mn₃ZnN 中部分 Zn，同时用 C 来替代部分 N 产生了与 Ge 元素掺杂一样的作用[29]。2008 年，采用中子衍射技术对 Mn₃Cu₁₋ₓGeₓN 的磁结构进行了研究，研究者认为在这类巡游电子体系中，立方结构的 Γ⁵g 反铁磁自旋结构是产生大的磁体积效应的关键因素[29,86]。特别是，之后又在 Mn₃CuN 中发现了大的磁致伸缩现象[87]。另外，通过在 Mn_3GaN 材料中用 Fe 元素在 Mn 位进行了掺杂，调控了反钙钛矿 $Mn_{3-x}Fe_xGaN$ 化合物的磁相变。化学元素 Fe 的掺入使反钙钛矿化合物 Mn_3GaN 的反铁磁相的自旋结构发生了改变，降低了磁转变温度 T_N，并且在低温区产生了铁磁相。

在美国，T. G. Amos 等研究探讨了 Ni_3MgC_x 化合物的超导性能及化合物中 C 元素的含量对其超导转变温度的影响[88,89]。M. S. Miao 等在制备 $Ga_{1-x}Mn_xN$ 稀磁半导体的过程中沉淀出 Mn_3GaN 化合物。Pavel Lukashev 等报道了 $Mn_3AN(A=Ga，Zn)$ 化合物的压磁效应，即对 Mn_3GaN 化合物施加一个平面应力会改变其磁结构[19,90]。

韩国科学家反钙钛矿化合物领域也做了大量的工作。韩国巨磁阻材料研究中心 N. H. Hur 研究小组研究了 Mn_3CuN、Mn_3ZnN 和 Mn_3GaC 等反钙钛矿结构化合物，对该类化合物的晶格、电荷、自旋三者关联关系进行了探讨。经研究，得出结论这些化合物电阻的突变应该归因于块体材料中产生了微裂纹。而这些微裂纹是由于磁相变引起了磁有序的变化导致的反常的晶格变化[11,91]。

德国，德雷斯顿化物马普所[92]报道了在 $Ba(Sr)_3Sn(Pb)N_{0.62}$ 系列化合物中观测到近零电阻温度系数现象，并发现 N 含量的变化对该系列化合物的性能影响巨大。俄罗斯学者 I. R. Shein 等利用第一性原理对 $Ni_3AC(A：Mg，Zn，Cd)$ 的结构、力学性能和超导特性进行了详细的计算分析[20]。

1.5.2 国内研究现状

在国内，Cong Wang 等人较早开展了反钙钛矿 $Mn_3XN(C)$ 体系负热膨胀及相关联的磁、电输运性质的研究[7,66,67,69,93-95]。

中科院理化所 Laifeng Li 课题组[84,96-98]以 Mn_3CuN 材料为基础，设计并制备了多宗掺杂铜的锰基反钙钛矿化合物，其中包括 $Mn_3(Cu_{0.8-x}Ag_xGe_{0.2})N$，$Mn_3(Cu_{0.6}Ge_{0.4})N_{1-x}C_x$，$Mn_3(Cu_{0.6}Si_xGe_{0.4-x})N$，$Mn_3(Cu_{0.6-x}Ni_xGe_{0.4})N$，$Mn_3(Cu_{0.5}Si_xGe_{0.5-x})N$。结果表明：$Mn_3(Cu_{0.6}Ge_{0.4})N_{1-x}C_x$ 化合物产生负热膨胀的温度可以通过调节 C 元素含量来进行调节。而 C 元素的含量对该类化合物的负热膨胀温区宽度以及线性热膨胀系数 $\Delta L/L(300K)$ 的影响不大；在 $Mn_3(Cu_{0.8-x}Ag_xGe_{0.2})N$ 化合物中随 Ag 元素含量的增加，化合物产生负热膨胀的温度高温区移动，而线性热膨胀系数 $\Delta L/L(300K)$ 减小，对负热膨胀的温区宽度几乎没有影响；另外，Mn_3CuN 化合物中的 Cu 元素被 Ge 和 Ni 元素部分替代后，样品中出现了 Mn-Ni 第二相。经研究发现 Ni 元素可以有效地将 $Mn_3Cu_{1-x}Ni_xN$ 化合物负热膨胀的产生温度向低温移动，但对负热膨胀的温区宽度几乎没有影响。并且 Ni

元素含量的增加，$Mn_3Cu_{1-x}Ni_xN$ 化合物负热膨胀温区内的线性热膨胀系数 $\Delta L/L$（300K）而减小，最终得到"零膨胀"材料；在 $Mn_3(Cu_{0.6}Si_xGe_{0.4-x})N$ 化合物中，随 Si 元素的增加，负热膨胀的温区宽度增加，而线性热膨胀系数 $\Delta L/L$（300K）受 Si 元素含量的影响略微减小。其中，反钙钛矿 $Mn_3(Cu_{0.6}Si_{0.15}Ge_{0.25})N$ 化合物的负热膨胀温区为 90~190K，负热膨胀温区宽度可达 100K，热膨胀系数为 $-16\times 10^{-6}K^{-1}$；随着 Si 元素含量的增加，$Mn_3(Cu_{0.6}Si_xGe_{0.4-x})N$ 化合物的线性热膨胀系数减小。当 $x=0.1$，0.15 时，即 $Mn_3(Cu_{0.5}Si_{0.1}Ge_{0.4})N$ 和 $Mn_3(Cu_{0.5}Si_{0.15}Ge_{0.35})N$ 化合物在室温到液氮温度温区内的平均膨胀系数较小，分别为：$1.3\times 10^{-6}K^{-1}$ 和 $1.65\times 10^{-6}K^{-1}$。对宽温区的负热膨胀行为的机理进行了分析研究，发现 $Mn_3(Cu_{0.6}Si_xGe_{0.4-x})N$ 化合物在负热膨胀温区内发生了磁相变，并且磁相变类型随 Si 和 Ge 元素的含量变化而变化。另外，$Mn_3(Cu_{0.6}Si_{0.15}Ge_{0.25})N$ 化合物表现出典型的自旋玻璃的特征。结合理论分析认为：Si 元素在化合物内微观分布的不均匀性导致了自旋玻璃态的出现，而自旋玻璃态的存在是宽温区负热膨胀行为的内在原因。采用机械球磨法制备了反钙钛矿 $Mn_3(Cu_{0.6}Si_{0.15}Ge_{0.25})N$ 化合物的纳米粉末，经等离子有机表面改性后与环氧树脂复合，调节了该化合物的热膨胀系数和热导率。经研究表明：$Mn_3(Cu_{0.6}Si_{0.15}Ge_{0.25})N$ 化合物与环氧树脂复合可以有效地降低热膨胀系数，提高导热能力。其中，$Mn_3(Cu_{0.6}Si_{0.15}Ge_{0.25})N$ 体积百分比为 32% 时，复合材料在 $Mn_3(Cu_{0.6}Si_{0.15}Ge_{0.25})N$ 化合物原有的负热膨胀出现的温区的平均膨胀系数达到了 $22\times 10^{-6}K^{-1}$，比纯环氧树脂平均膨胀系数（$37.9\times 10^{-6}K^{-1}$）减小了 42%。室温和液氮温度下，复合材料的热导率分别为：$0.48W/(m\cdot K)$ 和 $0.28W/(m\cdot K)$，分别是纯环氧树脂热导率的 2.8 倍和 4 倍。此应用研究为解决低温工程中的热膨胀问题提供了新思路。

中国科学院合肥固体研究所的 Y.P.Sun，B.S.Wang 等人不仅研究了 $Mn_3XN(C)(X=Cu，Ga，Sn)$ 等 Mn 基反钙钛矿化合物的物理性质[99,100]，还对 Fe 基 $GaCFe_3$，$Zn_{1-x}Sn_xCFe_3(0<x<1)$[82,101-103] 和 Ni 基 Ni_3AlC、$Ni_3In_{0.95}C$、Ni_3GaC、Mn_3SnC 和 Ni_3InB 的物理性质开展了研究[22,104-107]，探讨了在这类材料中存在的电-电强关联，以及自旋涨落等的问题，并取得了一些有意义的实验结果。Mn 基反钙钛矿化合物的研究中发现，$CuNMn_{3-y}Co_y$、$CuN_{1-x}C_xMn_3$ 和 $GaCFe_3$、$Ag(Cu)_{0.05}Ga_{0.95}CFe_3$ 存在近零电阻温度系数行为，其中 $CuN_{0.95}C_{0.05}Mn_3$ 的在 240~320K 温度区间电阻温度系数 1.29ppm/K。在低于铁磁-顺磁转变（伴随着马氏体转变）温度以下，$CuNMn_3$ 化合物表现出了大的磁致伸缩效应。当 Cu 元素被用 Mn 元素部分的取代后，马氏体转变与铁磁转变不相关。同时，马氏体相的四方性和

磁致伸缩效应被削弱。综合分析表明，在马氏体转变温度附近，自旋、电荷和晶格紧密相关。而且低温马氏体相伴随着亚温磁态。并且研究了 $Zn_{1-x}Sn_xCFe_3(0 \leq x \leq 1)$ 化合物的磁相图，Zn/Sn 元素含量比例对化合物结构、磁及电输运性质的影响。当 Sn 元素含量增加时，晶胞参数增大，但饱和磁化率和居里温度逐渐降低。$Zn_{1-x}Sn_xCFe_3$ 所有化合物的电阻率曲线在 $2 \sim 350K$ 之间均表现出金属行为。而当 $x \leq 0.3$ 时，电阻率曲线遵循 T_2-功率定律。$Zn_{0.9}Sn_{0.1}CFe_3$ 化合物在居里温度（$\sim 300K$）附近出现了大的磁卡效应，磁熵为 $2.78J/kg（\Delta H \sim 45kOe）$。冷却功率（RCP）为 $320J/kg（\Delta H \sim 45kOe）$。因此，$Zn_{0.9}Sn_{0.1}CFe_3$ 化合物具有很大的潜在的应用价值。在 Fe 基反钙钛矿化合物的研究中，发现 $AlC_{1.1}Fe_3$ 化合物在铁磁-顺磁转变（$\sim 292K$）附近也存在一个大的磁卡效应，最大的磁熵为 $-\Delta S^{max} \sim 1.61J/(kg \cdot K)$（$\Delta H \sim 45kOe$），磁场变化 $\Delta H \sim 20kOe（45kOe）$ 下的相对冷却功率为 $\sim 126J/kg$（$\sim 281J/kg$）。而且，从热电势和霍尔测量结果发现 $AlC_{1.1}Fe_3$ 化合物载流子类型为空穴型[82]。另外，通过对 Ni 基反钙钛矿化合物的系统研究发现：Ni_3GaC 化合物表现出强电子关联的费米液体行为；硼化物 Ni_3InB 化合物中的铁磁关联性很弱，近似为 Pauli 顺磁体。$Ni_3In_{0.95}C$ 化合物由于偏离理想化学计量比而表现出长程铁磁相有序；Ni_3AlC 化合物是一个交换增强的 Pauli 顺磁体，因自旋涨落的增强而产生非费米液体行为。根据这一结果，对 Ni_3Al 与 $AlCNi_3$ 物性之间的联系从铁磁-顺磁相变角度给出了合理的解释。该研究对于理解传统 Cu_3Au 结构金属间化合物和与之对应的反钙钛矿结构化合物物理性质之间的关联性具有重要意义。研究发现，在室温附近 Mn_3SnC 化合物具有大的磁卡效应。在 20kOe 和 48kOe 外加磁场条件下的磁熵值分别为 $80.69mJ/(cm^3 \cdot K)$ 和 $133mJ/(cm^3 \cdot K)$。另外在 Mn 位掺杂极少量的 Fe 元素时，也具有磁卡效应，而且具有正的磁阻效应。随着 Fe 元素掺杂含量的增加，$Mn_{3-x}Fe_xSnC$ 材料的居里温度和饱和磁化强度逐渐下降。材料的磁熵与外加磁场的线性关系说明此相变为一级相变。随着掺杂的进行，材料的磁熵最大值和磁阻值持续减小，这可能是由于磁相变的区域拓宽造成的。另外还选用 Ni 进行掺杂，实现了对 $Mn_{3-x}Ni_xGaC$ 化合物的磁结构和磁卡效应的调控[22,104-107]。

北京工业大学 X. Y. Song 课题组制备出平均晶粒尺寸为 350nm 的超细晶和平均晶粒尺寸为 20nm 的纳米晶 $Mn_3Cu_{0.5}Ge_{0.5}N$ 化合物块体材料。分析了 $Mn_3Cu_{0.5}Ge_{0.5}N$ 化合物的晶粒尺寸对其负热膨胀行为的影响规律。随晶粒尺寸逐渐减小（$2.2\mu m$，350nm，20nm），$Mn_3Cu_{0.5}Ge_{0.5}N$ 化合物的负热膨胀转变温度逐渐向低温区转移（$T = 331K$，236K，220K），负热膨胀系数绝对值逐渐下降（$\alpha = 8.3 \times 10^{-6}K^{-1}$，$11.1 \times 10^{-6}K^{-1}$，$3.5 \times 10^{-6}K^{-1}$），负热膨胀的温度区间逐渐增宽

（$\Delta T = 84K$，$122K$，$143K$）。其中，纳米晶 $Mn_3Cu_{0.5}Ge_{0.5}N$ 化合物的负热膨胀温度区间（$\Delta T = 143K$），为目前报道的 Mn_3AN 体系化合物中的最大值，显示出晶粒尺寸效应在改善反钙钛矿结构锰氮化合物负热膨胀性能方面的显著效果。优化了 $Mn_3Cu_{0.5}Ge_{0.5}N$ 化合物的氮流失量和晶粒尺寸，发现晶粒尺寸平均值为 12nm 的超细纳米晶 $Mn_3Cu_{0.5}Ge_{0.5}N$ 化合物中宽温区范围的零膨胀性能，其零膨胀温度区间达到 218K（$\Delta T = 12 \sim 230K$）。还利用中子粉末衍射技术深入分析了粗晶和超细纳米晶 $Mn_3Cu_{0.5}Ge_{0.5}N$ 化合物的负热膨胀及零膨胀本质，提出了零膨胀性能的产生机制。经研究表明，Mn 磁矩的有序化过程是引起 $Mn_3Cu_{0.5}Ge_{0.5}N$ 化合物负热膨胀性能的本质原因。通过减小化合物块体的晶粒尺寸，显著降低了 Mn 原子占位率，并减弱了 Mn 磁矩值，减缓磁有序转变速率。结果造成随温度降低，由磁有序过程诱发的晶格膨胀速率和晶格膨胀量的减小，以及由热振动变化引起的晶格收缩量的减小。当由磁有序诱发的晶格膨胀量正好补偿热振动引起的晶格收缩量时，$Mn_3Cu_{0.5}Ge_{0.5}N$ 化合物表现出了零热膨胀行为。由于 Mn 原子占位率下降导致随温度降低晶格膨胀速率和晶格收缩速率均减小，这样，由磁有序诱发的晶格膨胀量能够在较宽的温度范围内对由热振动引起的晶格收缩量起到补偿作用，从而使得超细纳米晶 $Mn_3Cu_{0.5}Ge_{0.5}N$ 化合物可在较宽的温度范围内表现出零热膨胀行为[108-110]。

北京航空航天大学 Cong Wang 课题组研究了 X 位元素空位浓度和 Si、Ge、Zn、Ag 等元素在 X 位掺杂对锰氮化合物 Mn_3XN（X＝Zn，Ag，Ge，Sn，Ga，Cu，Ni 等）磁、晶格和电输运性质的影响及变化规律，探讨了晶格和电输运性质与磁有序转变之间的内在关系。发现在锰基反钙钛矿化合物体系电阻突变和晶格收缩均与磁相变密切相关，但二者是互相独立的。通过不同原子替代，X 位元素空位浓度的调节，调节了晶胞参数或 X 位置价电子数，实现了相变温度的可控性。在这些反钙钛矿化合物中他们发现了二十余种负热膨胀材料，并可通过元素的掺杂和替代调控了热膨胀系数和温度范围。报道了多种近零膨胀材料如：$Mn_3Zn_{0.93}N$，$MnZn_{0.5}Ge_{0.5}N$，$MnZn_{0.41}Ag_{0.41}N$，Mn_3GaN，$Mn_3Zn_{0.7}Sn_{0.3}N$，$Mn_3Ga_{0.75}Si_{0.25}N$，$Mn_3Ni_{0.5}Zn_{0.5}N$ 和 $Mn_3Zn_{0.5}Ag_{0.5}N$；及 5 种近零电阻温度系数材料：Mn_3NiN，$Mn_3Sn_{0.2}Ag_{0.8}N$，$Mn_3Zn_{0.5}Ag_{0.5}N$，$Mn_3Ni_{0.5}Cu_{0.5}N$ 和 $Mn_3Ni_{0.2}Cu_{0.8}N$，最低的电阻温度系数（TCR）为 0.09ppm/K。另外，他们还探索了铜基复合材料的制备与性能测试。通过应用具有负热膨胀性能的反钙钛矿化合物有效地降低了金属 Cu 的正膨胀系数，获得了较宽的温度范围内的近零膨胀材料。50% 的 $Mn_3Ni_{0.5}Cu_{0.5}N$ 和 Cu 的复合材料的热膨胀系数可以为 $-1.46 \times 10^{-6} K^{-1}$（$219 \sim 263K$）的低膨胀系数的复合材料。49%$Mn_3Sn_{0.5}Cu_{0.5}N$ 与 Cu 的复合材料的热膨胀系数为 $4.7\times10^{-7}K^{-1}$，温度区间为 290~320K。首次报道了反钙钛矿结构的 Mn_3NiN 化合物薄膜的磁阻效应和自旋玻璃态行为。Mn_3NiN 化合物薄膜沿（100）晶面择优生长。虽然薄膜电阻率仍然表现为半导体型导电行为，但是与粉体相比，薄膜在 200K 时获得了高达 55% 的磁阻最大值，这比对应的块体材料磁阻最大值大 45% 左右。增大外加磁场后截止温度（T_b）转向更低温度，而且自旋玻璃态行为并未消失。

另外，沈阳金属所张志东研究组探讨了 $Mn_3Zn_ySn_{1-y}C$（$0\leqslant y\leqslant0.9$），$Mn_{3+x}Sn_{1-x}C$（$0\leqslant x\leqslant0.4$）以及 $Mn_{3.1}Sn_{0.9}N$ 等化合物的的磁相变和电输运性质。经研究发现成分的微量变化对其磁相转变温度和电阻突变具有重要的影响，并对该类材料的磁阻现象进行了认真的研究[111-113]。

中科院物理所陈小龙课题组探讨了 Mn_3GaN 的自旋玻璃态行为，也认为成分的微量变化，尤其是 N 空位会对其晶格、磁性质产生较大影响[63]。中科院物理所超导国家重点实验室对 Ni_3AlC 物性进行了研究[114]。厦门大学的 Z. Z. Zhu 课题组对 Ni_3InC，Ni_3CdC 等反钙钛矿结构化合物对比超导体 Ni_3MgC 进行了第一性原理的理论计算[115,116]。

1.6 反钙钛矿结构 $Mn_3XN(C)$ 化合物 X 位掺杂的研究及意义

反钙钛矿结构 $Mn_3XN(C)$ 的 X 位掺杂容易形成连续固溶体（X = Al、Ga、In、Zn、Sn 等）。20 世纪 70、80 年代 D. Fruchart 博士领导的小组研究了二十多个此类化合物及其固溶体，旨在寻找其磁/结构演变的规律性[4]。研究发现反钙钛矿结构锰基化合物具有以下共性：在低温下为磁有序态，随温度升高经历一个相变（多数为一级），通常伴随着晶格、磁矩等物理量的突变，部分体系在更高温度还要经历一个二级相变。但是这些材料的低温磁有序态、晶格结构以及磁相变有很大差异。研究还发现这类体系中磁有序一般有四种：铁磁（FM）、反铁磁（AFM）、倾斜铁磁（fM）以及顺磁（PM）。晶体结构有立方 C、四方 T^-（a 轴大于 c 轴，即 $c/a<1$）、四方 T^+（$c/a>1$）和 T^*。T^* 为类似于 U_3Si 的超晶格结构。这里晶体结构与磁有序结构并非一一对应，例如立方结构 C 可以有 AFM、FM、fM、PM 等多种磁结构与之对应。D. Fruchart 等的研究结果表明晶体结构、相变温度以及磁矩等随着 X 位元素的原子序数 Z_M 变化呈现一定的规律性：

① 若 Z_M 在周期表的同一行中增加，则低温结构演化的顺序是 $T^-\rightarrow C\rightarrow T^+\rightarrow$

T^*；若 Z_M 在周期表的同一列中增加，则结构演化顺序相反在氮化物中需要更大的 Z_M 才能得到与碳化物相同的相图。

② 氮化物的低温一级磁相变温度与 X 位元素原子的电子浓度（Electro concentration）存在唯像的关系，即二者几乎成正比。对于碳化物，研究未发现明显的类似规律性。另外氮化物的一级磁相变温度较碳化物的高，可达 500K 以上

③ 根据实验数据总结出锰位磁矩为 $\mu_{Mn} = [\mu_i - (|Z_0 - 10| + 1)/3]\mu_B$，这里 $\mu_i = 2.3\mu_B$ 和 $2.5\mu_B$ 分别对应于 X 位元素含有 3d 和 4d 电子壳层，Z_0 为 X 原子除去 Ar 原子核剩下的电子数。

上述规律显示出 X 位元素性质对体系物性的决定性影响。但由于实验数据有限，再加上理论研究的缺乏，已有的相图可能存在一定误差。一些规律性的公式仅仅是唯像的，例如电子浓度的计算用的是刚带模型，没有考虑到电子轨道的交叠、能带杂化。此外，这些早期的研究尚不深入，一些化合物只浓缩成相图上的一个"点"。

从现有的报道来看，X 位掺杂可以调控磁相变温度，影响体系的晶格、磁、电输运等性质。因此通过对 X 位掺杂相图的拓展、深入研究，可以获得相变、磁、电输运及晶格等变化的规律性，为该体系的材料设计提供参考依据。

1.7 本专著的意义及研究方案

1.7.1 本专著的主要选题意义

反钙钛矿结构锰氮化合物优越性体现在以下几方面：

① 各向同性负热膨胀性能，没有热滞后，可避免热循环条件下出现气孔；

② 良好的导电、导热性能；

③ 无毒、环保，所使用的元素（如 Mn、Cu、Zn、Ge 等）属于环境友好型元素，与 $Zn(CN)_2$ 和 $Cd(CN)_2$ 氰化物相比，既安全又经济；

④ 可以通过改变不同点阵位置元素的种类和数量实现对负热膨胀系数的调控，例如，利用 Fe 替换部分 Mn 原子，可使 $Mn_3Zn_{0.5}Ge_{0.5}N$ 化合物的负热膨胀系数由 $-7.2 \times 10^{-6}K^{-1}$[7] 提高至 $(Mn_{0.96}Fe_{0.04})_3(Zn_{0.5}Ge_{0.5})N$ 化合物的 $-25 \times 10^{-6}K^{-1}$[8]；

⑤结构稳定，力学性能好，例如，$Mn_3Cu_{0.5}Ge_{0.5}N$ 化合物的硬度值可达到 600Hv，几乎跟不锈钢材料相媲美；杨氏模量值可达到 300GPa[83]，比人们熟知的 ZrW_2O_8 化合物[117]高出近百倍；

⑥ 单一材料内可实现零膨胀性能，例如 $Mn_3(Ga_{0.5}Ge_{0.4}Mn_{0.1})(N_{0.8}C_{0.2})$ 化合物和 $Mn_3Cu_{0.5}Sn_{0.5}N_{0.8}$ 化合物分别在 $T=190\sim272K$ 和 $T=307\sim355K$ 温度范围内其负热膨胀系数绝对值 $|\alpha|<1\times10^{-6}K^{-1}$[9]，展现出零膨胀行为。

除了反常热膨胀性质，还具有一系列其他重要的物理性质与应用价值。

相对这些年"钙钛矿结构"ABO_3系列化合物的系统、广泛而详尽的研究，"反钙钛矿结构"Mn_3XN化合物的探讨无论从深度还是广度都很不够。就其本质而言，反钙钛矿结构锰基化合物所表现出的新性能几乎都源于材料的磁相变或与之有关；而伴随有电输运、晶格等物性突变的磁相变恰是反钙钛矿结构锰基化合物的一个重要特征，且磁相变温度、类型和基态性质等对 X 位掺杂相当敏感。

从目前的报道来看，反钙钛矿结构锰基化合物 $Mn_3XN(C)$ 呈现出很多具有潜在应用价值的新颖性能。通过调控 X 位的占有率及元素的替代可以调控磁相变，影响体系的晶体结构及电输运等性质。系统地研究 Mn_3XN 化合物磁相变及相关联的晶体结构和电输运性质，既可以探索该类材料新的物理特性，也可以为该体系材料的设计提供参考依据，获得相变、磁、电输运及晶格等变化的规律性，揭示该类材料奇特物理性质的产生机制。对制备具有使用价值的负热膨胀、近零膨胀及具有特殊电输运性质及磁性质的材料有重要意义。

1.7.2 本专著的主要研究方案

反钙钛矿结构锰基氮化物 Mn_3XN 的 N 原子处于立方体的体心位置，Mn 原子处于立方体的面心位置，X 原子处于立方体的顶角位置，如图 1。在晶体结构中，Mn 原子与 N 原子形成一个较为稳定的八面体结构，Mn 与 N 原子的化学关联较强，而处于立方体顶角位置的 X 元素则与 N 元素的化学关联较弱，X 元素与 Mn 元素为金属键结合。因此可以较为容易地用其他元素来替代 X 位置元素，从而改变其物理性能。

Mn_3XN 化合物属于电子强关联类材料。Mn_3XN 中费米面附近的窄带是由 Mn3d 轨道和 N2p 轨道杂化而成，而费米面上的巡游电子是由 X 位置原子外层价电子提供，该窄带的电子态密度会随 X 原子外层价电子的变化而敏感变化。因此，在反钙钛矿结构的 Mn_3XN 材料中，X 位置元素价电子数是其物理性质的一个重要影响因素。依据 X 位置价电子的不同，我们重点开展了 Mn_3Zn_xN、$Mn_3Zn_{1-x}A_xN$（$A=Ag$、Co、Ge、Si 等）、$Mn_3Ag(Ni,Co)N$ 二个体系的制备与物性研究，归纳实验现象，并对所得数据进行分析总结，以期对该类材料的特殊物性及产生的机理有更加深入认识，并提出预言和展望。

1.7.3　本专著的主要研究内容

① 以自制的 Mn_2N 和市售的 X 金属粉末为原料，利用固相反应法制备具有反钙钛矿结构的 Mn_3XN（X＝Zn，Ag，Ni，Co 等）多晶粉体材料。掌握其成相规律，获得较纯的单相材料。

② 测量和探讨不同 X 位元素掺杂、替代及原子空位替代以及替代含量的变化对磁相变温度、类型以及晶体结构和电输运性质的调控。掌握相关物理性能的变化规律，寻找 Mn_3XN 化合物的磁、晶格以及电输运性质反常变化相互关联的本质与规律。

③ 考察产生反常热膨胀行为的产生条件以及影响因素，认识并掌握热膨胀行为变化的规律以及改变其反常热膨胀行为的思路与方法，从而寻找并实现响应温度范围合适的负热膨胀或低（近零）膨胀材料。

④ 在对材料结构与基本物性探讨的基础上，发现更加有趣或具有实际应用价值的物理性质，即近零电阻温度系数、负和（近）零热膨胀行为等。

⑤ 归纳实验现象，并对所得数据进行分析总结，为该体系的材料设计提供参考依据，获得磁、电输运及晶格等变化的规律性，掌握相关物理性质调控的方法和途径。

第2章 材料制备及性能测试方法

2.1 样品制备

2.1.1 Mn_2N 原料的制备

通过文献调研，了解了掺杂锰氮化物的各种制备方法[118]。发现最简单有效的方法是：首先合成 Mn_2N 化合物，然后将 Mn_2N 化合物与其他单质元素混合均匀，再通过固相烧结反应获得掺杂锰氮化物。在本论文实验中，将采用此方法进行掺杂锰氮化合物制备。根据 1990 年 Codren 绘制的完整 Mn-N 系相图[85]及参考前人合成 Mn_2N 化合物的实验参数和经验，本实验采用固-气反应法进行 Mn_2N 合成，即：在 Mn 粉中通入氮气，在高温下 Mn 粉与氮气发生化学反应得到 Mn_2N 化合物。具体实验步骤及参数为：将 50g 颗粒大小为 200 目的锰粉放入真空管式炉中，为排出石英管中的空气，先将石英管抽真空至 $1×10^{-1}Pa$，通入高纯氮气（99.999%），再抽真空至 $1×10^{-1}Pa$，然后通入高纯氮气，重复若干次。此时，石英管中的空气基本已排出。打开管式炉电源，先以 5℃/min 的速度升温至 300℃，再以 10℃/min 的速度升至 750℃，将温度稳定在 750℃，同时通过控制气体流量阀门保持氮气源源不断地流入，保证反应时氮气充足。在 750℃ 温度下，锰粉与氮气发生化合反应，生成 Mn_2N 化合物。反应时间为 50h。用 X 射线粉末衍射仪对实验制备的 Mn-N 化合物进行物相分析，如图 29 所示。从样品 X 射线衍射图中可以看出，实验合成的 Mn-N 化合物的主要成分为 Mn_2N，说明用这种方法可以成功地制备出 Mn_2N 化合物。

2.1.2 Mn_3XN 粉体样品制备

按化学配比，称取一定量的氮化锰（Mn_2N）和金属粉末 X，将其在玛瑙研钵中混合均匀，研磨 1h 以上，然后使用压片机对粉末施以 20MPa 的压力，将粉末压成片状后装入石英管中并同时迅速接上抽真空系统，抽真空至 $10^{-5}Pa$，然后封闭石英管，2h 内升温至 800℃ 。在此温度下保温 80~100h 不等，关闭电源，随炉冷却至室温，取出样品。反复烧结，直到得到纯的 Mn_3XN 相(图 30)。

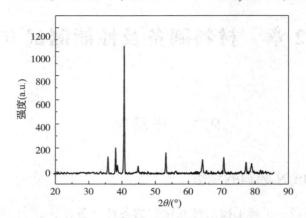

图 29　自制 Mn_2N 的常温 XRD 图谱

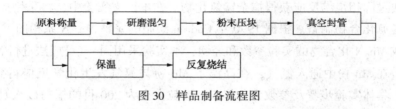

图 30　样品制备流程图

2.2　反钙钛矿 Mn_3XN 化合物物理性能测试方法

2.2.1　XRD 物相分析和晶胞常数的确定[119,120]

X 射线衍射是用来研究材料的物相组成、晶体的结构类型和晶体学数据的重要方法之一，已被广泛地应用于物质的结构分析中。利用此项技术可以进行物相分析、点阵常数精确测定、宏观应力分析及单晶定向等[121]。在常温下，用 XRD 确定烧结样品的物相。在要求的温度点测出 XRD 衍射图谱，然后计算其晶胞常数。热膨胀系数的测定通过在不同温度下测得 XRD 图来计算。

（1）物相分析

特征 X 射线及其衍射 X 射线是一种波长很短(约为 0.06~20Å) 的电磁波，能穿透一定厚度的物质，并能使荧光物质发光、照相乳胶感光、气体电离。在用电子束轰击金属"靶"产生的 X 射线中，包含与靶中各种元素对应的具有特定波长的 X 射线，称为特征(或标识)X 射线。考虑到 X 射线的波长和晶体内部原子间的距离相近，1912 年德国物理学家劳厄(M. von Laue)提出一个重要的科学预见：晶体可以作为 X 射线的空间衍射光栅，即当一束 X 射线通过晶体时将发生衍射，衍射波叠加的结果使射线的强度在某些方向上加强，在其他方向上减弱。分析在照相底片上得到的衍射花样，便可确定晶体结构。这一预见随即为实验所验证。1913 年英国物理学家布喇格父子(W. H. Bragg，W. L. Bragg)在劳厄发现的基础上，不仅成功地测定了 NaCl、KCl 等的晶体结构，并提出了作为晶体衍射基础的著名公式——布喇格定律：

$$2d\sin\theta = n\lambda \tag{2-1}$$

式中，λ 为 X 射线的波长，n 为任何正整数。

当 X 射线以掠角 θ(入射角的余角)入射到某一点阵平面间距为 d 的原子面上时，在符合上式的条件下，将在反射方向上得到因叠加而加强的衍射线。布喇格定律简洁直观地表达了衍射所必须满足的条件。当 X 射线波长 λ 已知时(选用固定波长的特征 X 射线)，采用细粉末或细粒多晶体的线状样品，可从一堆任意取向的晶体中，从每一 θ 角符合布喇格条件的反射面得到反射，测出 θ 后，利用布喇格公式即可确定点阵平面间距、晶胞大小和类型；根据衍射线的强度，还可进一步确定晶胞内原子的排布。这便是 X 射线结构分析中的粉末法或德拜-谢乐(Debye-Scherrer)法的理论基础。而在测定单晶取向的劳厄法中所用单晶样品保持固定不变动(即 θ 不变)，以辐射束的波长作为变量来保证晶体中一切晶面都满足布喇格条件，故选用连续 X 射线束。如果利用结构已知的晶体，则在测定出衍射线的方向 θ 后，便可计算 X 射线的波长，从而判定产生特征 X 射线的元素。这便是 X 射线谱术，可用于分析金属和合金的成分。

物相分析是 X 射线衍射在金属中用得最多的方面，分定性分析和定量分析。前者把对材料测得的点阵平面间距及衍射强度与标准物相的衍射数据相比较，确定材料中存在的物相；后者则根据衍射花样的强度，确定材料中各相的含量。在研究性能和各相含量的关系和检查材料的成分配比及随后的处理规程是否合理等方面都得到广泛应用。

(2) 晶胞常数的确定

本课题中晶胞常数的确定主要使用 PowderX 程序[122]和 Fullprof 程序[123]，前者是中国科学院理论物理研究所董成研究员在 Treor 面指数尝试法计算程序基础上编写的更为简单易操作的结构分析程序。它可以根据所给数据绘制 X 射线衍射图谱，并对图形进行平滑处理、背底扣除处理、α_2 扣除处理、零点漂移扣除处理、寻峰、指标化和生成模拟 X 光衍射图谱等多种功能。

PowderX 程序可以读取 Mac Science、Philips、Siemens、Rigaku 等品牌 X 射线衍射仪生成的 13 种格式的数据文件。它的分析结果可以直接用于 Rietveld 精修。它还能计算 X 光数据的导数和傅立叶变换，并将计算结果以图的形式表现出来，存储非常方便。使用者可以轻松放大观察图谱的任意细节并对其进行操作。此外，程序中附带 dhl 和 Lazy 计算程序。前者用来根据使用者提供的晶胞参数反算衍射角和晶面间距，后者可以用来生成模拟 X 光衍射图谱。

2.2.2　中子衍射

在 X 射线或电子流与物质相遇产生散射时，主要是以原子中的电子作为散射中心，因而散射本领随物质原子序数的增加而增加，并随衍射角 2θ 的增加而降低。与此形成鲜明对比的是，中子具有电中性，不受原子核周围的电子影响。因此，当中子与物质中原子相互作用时，主要与原子核相互作用，产生各向同性的散射，且散射本领和物质的原子序数无一定对应关系。此外，中子的磁矩和原子磁矩（即电子和原子核的自旋磁矩和轨道磁矩的总和）具有相互作用，其散射振幅随原子磁矩的大小和取向而变化，因此，中子衍射技术可用于材料磁结构的分析。

中子衍射所具有的上述特点，使其在实际应用过程中，具有 X 射线衍射和电子衍射技术不可比拟的优势。首先，能够准确地测定出一些 X 射线衍射技术无法确定的化合物中轻、重原子在晶体结构中的位置和占有率；其次，可以根据磁散射的强度研究原子磁矩的变化及磁结构特征。对于具有磁性结构特征的材料而言，中子衍射技术是深入研究该材料磁性能与晶胞参数之间变化关系的重要测试分析手段。

$Mn_3(Zn，M)_xN(M＝Ag，Ge)$ 化合物工作采用的中子衍射实验在美国国家标准技术局（NIST）的中子衍射试验中心进行。使用 BT-1 高分辨中子粉末衍射仪（如图 31 所示）进行测量，中子衍射束波长为 1.5403Å，中子源为 Cu（311）单色器。试样的中子衍射数据收集范围为 $10°\sim160°$，数据采集步长为 $0.05°$，测试温度范围为 $10\sim420K$。晶胞结构参数及磁性能参数运用 GSAS 软件[124]对中子衍射数据进行精修后确定。

$Mn_{3.5}Co_{0.5}N$ 的化合物工作采用的中子衍射实验在英国卢瑟福阿普尔顿实验室的 ISIS 脉冲中子和 μ 介子装置上，在位于第二目标站的 Wish 衍射仪（图 32）上进行的。将粉末样品（2g）装入 6mm 圆柱形钒罐中，在 $5\sim550K$ 的温度范围内使用闭式循环冷却系统（CCR）进行测量。使用 Fullprof 程序对探测器组中测量的平

均 2θ 值为 58°、90°、122° 和 154° 的数据进行了晶体和磁结构的 Rietveld 精修，每个散射面覆盖了 32°。使用 BasIreps、ISODISTORTisofortort 和 Bilbao 晶体服务器（磁对称性）软件进行了理论计算。

图 31　美国国家标准与技术研究院 BT-1 中子衍射仪

图 32　英国卢瑟福阿普尔顿实验室 Wish 衍射仪

2.2.3　磁输运性质测量

本课题磁性质的测量根据磁相变温区的不同，分别采用了超导量子干涉仪、振动样品磁强计和物理性能综合测试系统。测量过程中，所加磁场为 50Oe，升温速率为 5K/min。

（1）超导量子干涉仪（SQUID）[125,126]（如图 33）

用超导材料将 2 个约瑟夫森结并联起来，构成超导环路，这是一种新型的超导微电子器件，它就是超导量子干涉器（SQUID），如图 34 所示。SQUID 是英文"superconducting quantum interference device"的词首字母缩写词。

图 33　超导量子干涉仪设备图

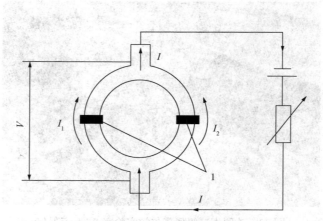

图 34　双结直流量子
干涉器件示意图（I 为约瑟夫森结）

超导量子干涉器的主要功能是测量磁场。它是利用测量相应的最大超导电流 I_{max} 的变化达到测量外界磁通量 Φ 的微小变化的目的，从而测量出外界磁场。原则上它适用于能转换成磁信号的所有物理量的测量。

1）测量磁场

超导量子干涉器件可以测量出非常微弱的磁场，能测量的最小磁通变化为 $10^{-5}\Phi_0$ 的数量级。SQUID 可用作生物磁测量，从科学和商品的角度来看，最有意义的是脑磁测量。人脑表皮分布着许多树枝状的神经网络，当脑中有电活动时，这些树突中的电流和人脑的表面相切时，它将产生可探测的外磁场，只要把脑表皮 $1mm^2$ 中的 10^4 个树突的电流活动收集在一起，就可以产生 SQUID 能测出的脑表面磁场。通过脑磁研究，可用于诊断癫痫病、中风、头部损伤、脑供血不足以及精神分裂症等疾病。目前医学上 SQUID 的极高灵敏度可以检测出人体心脏和大脑的活动所产生的小到 $10^{-14}T$ 的磁场。

2）无损探伤

SQUID 作为最灵敏的磁探测器，可以通过材料缺陷的不正常磁性分布来进行无损探伤。用 SQUID 来探测缺陷的位置时，依赖于探测线圈的直径，或探测线圈和信号源的距离。

3）测量低频弱电压、电流及电阻

我们通过 SQUID 可以测量穿过超导环的磁通量的数值。如果被测的磁通量是由待测电流通过一个已知电感 L 的线圈产生的，那么通过测量磁通量，然后换算求得该电流的大小。这就说明，SQUID 可以改装成灵敏度极高的电流计。有了电流计，就可以改装成测量电压的伏特计和测量电阻的欧姆计。超导量子干涉器件除上述主要应用外，在大地磁测方面，通过同时测量磁场涨落和电场涨落来探测石油、地热资源及地震活动。在超导计算机中，超导量子干涉器能作为开关逻辑元件，用于逻辑电路及存储器上。

（2）振动样品磁强计（VSM）[127]（如图 35）

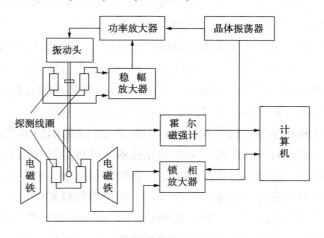

图 35　振动样品磁强计结构示意图

振动样品磁强计（VSM）是目前磁学科研中常采用的仪器，其结构如图 36 所示。VSM 的设计原理是基于电磁感应定律，但与一般的感应法不同，VSM 不用对感应信号进行积分，从而避免了积分过程中的信号漂移。由于振动样品磁强计使用了锁相放大技术，因此磁矩测量灵敏度很高，商业产品已达到 $10^{-10}\,\mathrm{A\cdot m^2}$。为了能够在不同的温度下使用，所以还要加一些杜瓦瓶、保温管、加热电阻、热电偶和温控仪。

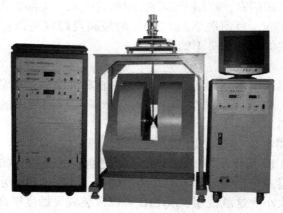

图 36　振动样品磁强计设备图

（3）物理性能综合测试系统（PPMS）（如图 37）[24]

美国 Quantum Design 公司的产品 PPMS（Physics Property Measurement System）是在低温和强磁场的背景下测量材料的直流磁化强度和交流磁化率、直流电阻、交流输运性质、比热容和热传导、扭矩磁化率等综合测量系统。我们用到的主要是磁化强度和输运性质测量部分。下面简单介绍如下。

交流激发信号被输入到交流驱动线圈中，伺服电机驱动样品依次到两个绕向相反的探测线圈的中心，同时，与时间相关的样品信号被收集。把测得的样品在两个探测线圈中心的信号相减以消除驱动线圈和探测线圈间的随机相互作用。通过对多次测量的采样和平均，可以减少测量过程中的信号噪音。

与一般交流磁化率测量仪器相比，PPMS 上 AC 磁化率测量装置有两个特点值得指明：首先它没有采用传统的单相锁相技术来处理信号，而是采用高速数字信号处理器（DSP），这样不仅提高信噪比、加快测量速度，而且还不再需要在实部信号和虚部信号之间进行转换。其次，对于如何消除仪器电子设备自身给测量数据带来的增益或漂移的技术问题，PPMS 上 AC 磁化率测量装置使用校正线圈。在每次测量之前把校正线圈接入到探测线圈线路中，进行正向和反向的测量，比较探测信号与初始激发信号的差别，进而修正仪器本身电子设备引起的相漂移。同样道理，校正线圈还可以精确地校正实际所加交流磁场强度的幅值，提高 $B\text{-}H$ 测量精度。正因为如此，PPMS 上 AC 磁化率测量装置在允许的工作频段内（10Hz～10kHz）的测量精度可以达到与 SQUID 相媲美的程度。

图 37　物理性能综合测试系统（PPMS）

2.2.4　电输运性质测量

本课题中电阻率的测量均采用四探针测量法[128,129]，使用的仪器主要为物理性能综合测试系统（PPMS），升温速率为 5K/min。

四探针测量电阻原理如下（如图 38）：

当 1、2、3、4 四根金属探针排成一直线时，并以一定压力压在半导体材料上，在 1、4 两处探针间通过电流 I，则 2、3 探针间产生电位差 V。

材料电阻率：$\rho = \dfrac{V}{I} C$

探针系数：$C = \dfrac{20\pi}{\dfrac{1}{S_1} + \dfrac{1}{S_2} - \dfrac{1}{S_1 + S_2} - \dfrac{1}{S_2 + S_3}}$

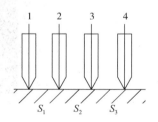

图 38　四探针法测量原理图

式中，S_1、S_2、S_3 分别为探针 1 与 2，2 与 3，3 与 4 之间距，用 cm 为单位时的值，$S_1 = S_2 = S_3 = 1$mm。每个探头都有自己的系数。$C \approx 6.28 \pm 0.05$，单位 cm。若电流取 $I = C$ 时，则 $\rho = V$，可由数字电压表直接读出。由于块状和棒状样品外形尺寸与探针间距比较，合乎于半无限大的边界条件，电阻率值可以直接由上面两式求出。

2.2.5　扫描电镜分析（SEM）

样品的表面结构采用场发射扫描电子显微镜（FE-SEM）测量。扫描电子显微镜由电子枪、聚光镜、电子束偏转线圈和信号探测系统等组成，镜筒真空度约为 10^{-3} Pa，电子束经过聚光镜聚焦到试样表面，束斑直径可达纳米级。电子进入试样后经过复杂的多次弹性散射和非弹性散射后，在样品表面外形成二次电子、背散射电子、吸收电子、X 射线、俄歇电子、阴极发光等多种信号，这些信号经探测器探测后送到显像管。一般扫描电镜利用前三种信号成像。扫描电镜的成像过程与电视成像相似，电子束在样品表面扫描，显像管内电子束做同步扫描，通过探测器机手试样产生的电子信号，加到显像管栅极，调制显像管上的亮度从而形成图像。SEM 是研究薄膜材料亚微米、纳米尺度的最常用手段。

我们扫描电镜实验使用的是 ZEISS-ULTRA+，最高放大倍数达 30 万倍，最小分辨率 10nm，能够对块体表面的形貌和结构特征进行详细方便地观察（图 39）。

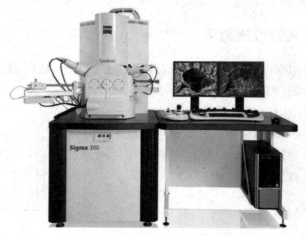

图 39　ZEISS-ULTRA+扫描电镜

2.2.6　热分析[130-132]

本项工作中化合物的 DSC 曲线的测量采用耐驰 NETZSCH DSC 200F3 差示扫描量热仪（图 40）。测量过程中，升降温速率为 5K/min。

（1）示差扫描量热分析（DSC）

示差扫描量热分析（DSC）是在程序控制下，测量输入样品与参比物的功率差与温度关系的一种分析方法。目前常用的是功率补偿式示差扫描量热法，热分析过程中，当样品发生吸热（或放热）时，通过对样品（或参比物）的热量补偿作用（供给电能），维持样品与参比物温度相等（$\Delta T = 0$）。补偿的能量大小即相当于样品吸收或放出的能量大小。

（2）比热测量与分析：

在一定温度和压力下，体系（物系）温度每升高 1℃ 所吸的热量称为该温度、压力下此体系的热容，$C = \lim\limits_{\Delta T \to 0} \dfrac{\Delta Q}{\Delta T}$。单位质量物质的热容，即为比热容，单位为 $J/(g \cdot K)$。在一定温度和压力下，物质的比热容与物质内部电子的热运动和晶格振动有关。通过测量物质的比热容可以确定物质的德拜温度、电子比热系数、晶体结构相变、材料磁有序-无序转变等相关材料本质属性信息，因此材料比热容数据的测量对材料的热物性能的研究起到很重要的作用。比热容测量方法有绝热法和非绝热法。绝热法包括：热脉冲方法、连续量热法、差分量热法；非绝热法包括热弛豫法、交流量热。热脉冲方法适合质量较大的材料（>0.2g），测试时间较久，测量精度较高。连续量热法适合于测量质量 $100mg < m < 200mg$ 的高热导材料，可以迅速地测量出材料比热容的跃变，适合于用来研究物质的相变，以及检测在有限温度范围内热容的小变化。非绝热法主要用于检测毫克量级的小样品。为了快速有效地检测材料的结构相变或磁相转变，在本实验中采用连续量热法进行样品比热容的测量。由 $C = \dfrac{\mathrm{d}Q}{\mathrm{d}T}$，如热量和温度都随时间的变化，则 $C = \dfrac{\mathrm{d}Q/\mathrm{d}t}{\mathrm{d}T/\mathrm{d}t} = \dfrac{P}{T}$，即可以由加热功率 P 和材料升温速率 T 得到比热容。通过给真空绝热的样品加以恒定加热功率 P，测量温度的变化率 T，即可直接得到 C-T 关系曲线。

图 40　耐驰 NETZSCH DSC 200F3 差示扫描量热仪

第 3 章　$Mn_3(Zn，M)_xN(M=Ag，Ge)$ 化合物相变、磁结构分析及热膨胀行为的调控

3.1　引言

具有零热膨胀性能的材料在现代科技的发展中得到了广泛的应用。例如，航天器和太空望远镜[133,134]、定位装置及布拉格光栅波长的滤波器[135]及微电子器件等。在室温范围内，具有近零热膨胀性质的 Fe-Ni 因瓦合金[136,137]是目前金属材料的好选择，最近的研究表明因瓦合金的低热膨胀系数扩展到 500K，但是会引入应力，这样 Fe 原子附近会产生微裂纹[138]。能够避免温度变化引起应力的零热膨胀材料一直是一个关注的焦点[139-142]。但是很难找到一个具有金属特性的零热膨胀材料，而大部分新的零热膨胀材料是陶瓷类[143-146]。然而在研究 Mn_3XN（C）（X=Zn，Cu，Ni，Ge，…）化合物时我们发现了例外的情况。因为这种材料具有各向同性的热膨胀系数，良好的导电和导热性，并且还具有很多其他具有实用价值的物理性质。然而目前对该类材料热膨胀行为的产生机理和调控手段并没有得到深入的研究。在本章，将运用中子衍射技术讨论反钙钛矿结构 $Mn_3(Zn/Ag/Ge)_xN$ 化合物各向同性的零热膨胀性质的产生原因和温区的调控。

3.2　$Mn_3(Zn，M)_xN(M=Ag，Ge)$ 化合物的合成、结构与性能表征

多晶样品 Mn_3Zn_xN（$x=0.99$，0.96，0.93）、$Mn_3Zn_{0.41}Ag_{0.41}N$ 和 $Mn_3Zn_{0.5}Ge_{0.5}N$ 是用固相合成的方法制备的。按化学配比，称取一定量的氮化锰（Mn_2N）和金属粉末 Zn、Ag、Ge 等，分别将其在玛瑙研钵中混合均匀，研磨 1h 以上，然后使用压片机对粉末施以 20MPa 的压力，将粉末压成片状后用钽薄包裹，然后装入石英管中并同时迅速接上抽真空系统，抽真空至 $10^{-5}Pa$，然后封闭石英管，2h 内升温至 800℃。在此温度下保温 80~100h 不等，关闭电源，随炉冷却至室温，取出样品。反复烧结，直到得到纯的 Mn_3XN 相。

本研究工作中采用的中子衍射实验是在美国国家标准技术局（NIST）的中子

衍射试验中心进行。使用 BT-1 高分辨中子粉末衍射仪进行测量，中子衍射束波长为 1.5403Å，中子源为 Cu(311)单色器。试样的中子衍射数据收集范围为 10°～160°，数据采集步长为 0.05°，测试温度范围为 10～420K。晶胞结构参数及磁性能参数运用 GSAS 软件 Rietveld 方法对中子衍射数据进行精修后确定。使用 PANalytical 的 X'Pert PRO MPD 衍射仪，用波长为 1.5406Å 的 Cu 靶的 Kα 特征 X 射线进行常温和变温 X 射线衍射的测试和分析。变温 XRD 的收集温区为 110～580K。样品以 10K/min 的速度降到实验温度然后保温 10min 得到不同温度下的 XRD 衍射结果，然后用 CMPR 软件计算出各个温度下的晶胞常数，最后根据膨胀系数的计算公式来计算出热膨胀系数。磁化强度曲线和磁滞回线的测量采用了法国国家科学研究院(CNRS)奈尔研究所(Institut Neél)超导量子干涉仪(SQUID)磁强计 (Quantum Design MPMS-XL)。电阻率随温度变化曲线采用中国科学院物理研究所的物性测量系统(PPMS)。热分析采用北京工业大学的差示扫描量热仪(DSC)。

3.3　Mn₃(Zn，M)ₓN(M＝Ag，Ge)化合物晶体结构

图 41～图 43 分别给出了 $Mn_3Zn_xN(x=0.99，0.96，0.93)$、$Mn_3Zn_{0.41}Ag_{0.41}N$ 和 $Mn_3Zn_{0.5}Ge_{0.5}N$ 化合物室温下 NPD 和 XRD 衍射数据。如图所示，所制备的样

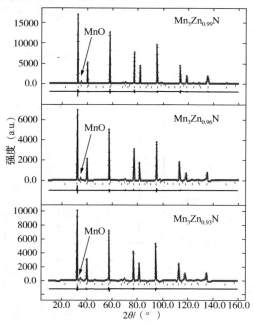

图 41　$Mn_3Zn_xN(x=0.99，0.96，0.93)$样品室温 NPD 图谱

品除了少量的 MnO 的杂质外，其余所有衍射峰均为反钙钛矿结构的衍射峰，说明制备出了较纯的单相此类化合物。分别通过 GSAS 和 Powder X 对 NPD 和 XRD 的数据进行精修和处理，结果显示制备的 $Mn_3(Zn, M)_xN(M=Ag, Ge)$ 多晶样品晶体结构均为简单立方结构的反钙钛矿结构，空间群为 $Pm\bar{3}m$(No221)。计算得到晶胞参数 $Mn_3Zn_{0.99}N$ 为 3.90077(6) Å，$Mn_3Zn_{0.96}N$ 为 3.90021(4) Å，$Mn_3Zn_{0.93}N$ 为 3.89891(1) Å，$Mn_3Zn_{0.41}Ag_{0.41}N$ 为 3.91909(5) Å，$Mn_3Zn_{0.5}Ge_{0.5}N$ 为 3.9539(2) Å。$Mn_3Zn_{0.99}N$、$Mn_3Zn_{0.96}N$ 和 $Mn_3Zn_{0.93}N$ 在本书后面分别简写为 Zn99，Zn96，Zn93。

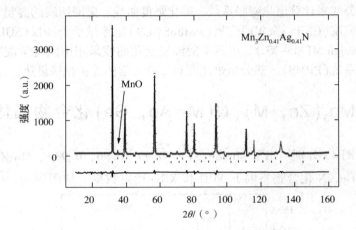

图 42　$Mn_3Zn_{0.41}Ag_{0.41}N$ 化合物室温 NPD 图谱

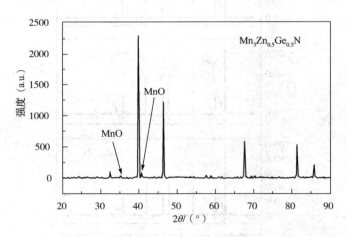

图 43　$Mn_3Zn_{0.5}Ge_{0.5}N$ 化合物室温 XRD 图谱

3.4　Mn₃(Zn，M)ₓN(M=Ag，Ge) 化合物磁结构及其磁性的研究

3.4.1　Mn₃ZnₓN 化合物磁结构研究

如图 44 所示，为 $Mn_3Zn_{0.93}N$ 和 $Mn_3Zn_{0.96}N$ 两个样品在 500Oe 外加磁场，和零场冷却条件下升温测量的结果。很明显，随着温度的降低，两条曲线在 185K 温度处均发生了一级相变即反铁磁有序的转变(AFM)。随着温度进一步的降低，$Mn_3Zn_{0.96}N$ 样品在 115K 处发生了磁有序的重排，然而 $Mn_3Zn_{0.93}N$ 的磁性质在此处却没有任何变化。

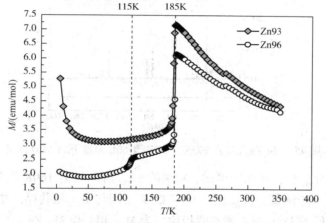

图 44　$Mn_3Zn_{0.96}N$ 和 $Mn_3Zn_{0.93}N$ 磁化强度随温度变化曲线

如图 45 所示为 $Mn_3Zn_{0.96}N$ 在 295K、160K 及 80K 温度下的中子衍射图谱。从图中可以看出随着温度的降低，中子衍射图在反铁磁转变温度以下及 160K 时出现了新的衍射峰，分析应该为由磁有序引起的，再次标记为 M_{NTE} 的磁峰，在磁有序重排温度以下即 80K 时出现了新的与 M_{NTE} 相的磁峰位置不同的磁衍射峰，该磁相标记为 M_{PTE} 相。由此可见，反铁磁转变时，磁由有序变为无序时，结构变为了 M_{NTE}，当随着温度的进一步降低时，磁有序发生了二次变化即自旋再取向，产生了新的与 M_{NTE} 磁相不同的磁结构即 M_{PTE} 磁相。此结果与磁化强度曲线的结果相吻合。

多晶样品 Mn_3Zn_xN 样品在高于 185K 时，均为顺磁性的，晶体结构为立方晶格。如图 46(a)所示，随着温度的降低 $Mn_3Zn_{0.99}N$ 样品在低于 185K 时，大部分

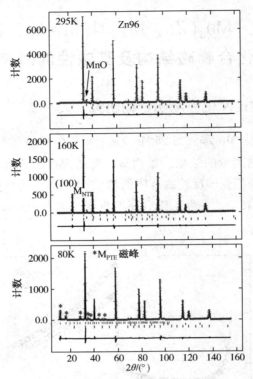

图 45　$Mn_3Zn_{0.96}N$ 在 295K、160K 及 80K 温度下的 NPD 图谱

PM 相转变为 M_{NTE} 相，从图中可知，83% 的 M_{NTE} 相在 185~160K 间与 PM 相共存。随着温度的进一步降低，M_{NTE} 相在 160~135K 之间与 M_{PTE} 相共存，并且相含量越来越少。当温度低于 135K 时，所有的相均变为 M_{PTE} 相。而 $Mn_3Zn_{0.96}N$ 和 $Mn_3Zn_{0.93}N$ 样品 PM 相则在 185K 时完全转变为 M_{NTE} 相。在低于 120K 时，$Mn_3Zn_{0.96}N$ 的 M_{NTE} 相完全转变为 M_{PTE} 相，而 $Mn_3Zn_{0.93}N$ 样品的磁结构没有再发生变化。

　　接下来我们运用 GSAS 软件 Rietveld 方法对中子衍射数据进行了精修，分析了不同温度下晶体结构 PM 和磁结构 M_{PTE} 和 M_{NTE}。其中精修时，Mn、Zn 和 N 的中子散射波长分别为 -0.375，0.568 和 0.936（$\times 10^{-12}$ cm）。1971 年 D. Fruchart 等人首次报道了反钙钛矿结构 Mn_3ZnN 的晶体和磁结构[4,147]。Mn 和 N 原子构成了一个 Mn_6N 的八面体，其中 Zn 原子处于立方体的顶角处即 1a（000）的位置，如图 47（c）所示。我们发现 M_{PTE} 和 M_{NTE} 相是两个完全不同的反铁磁结构。M_{NTE} 为三方结构，磁对称性为（R-3），而 M_{PTE} 反铁磁相为具有（P1）对称性的四方结构，如图 47（a）和（b）。

　　通过 Rietveld 精修得到的 $Mn_3Zn_{0.96}N$ 样品分别在 160K（空间群：R-3）和 90K

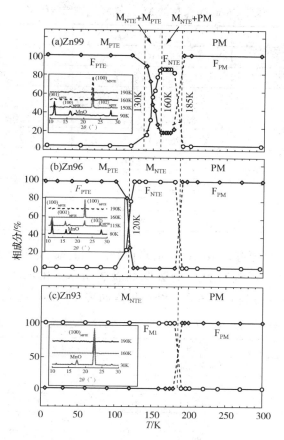

图 46　Mn_3Zn_xN 化合物 PM，M_{NTE} 和 M_{PTE} 相成分与温度的关系图

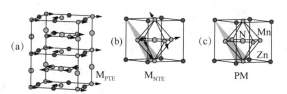

图 47　Mn_3Zn_xN 晶体结构 PM，磁相 M_{PTE} 和 M_{NTE} 的结构示意图

（空间群：P1）的 M_{NTE} 和 M_{PTE} 磁结构数据如表 2 所示。$Mn_3Zn_{0.96}N$ 样品在 160K 时，Mn 在 9e(1/2, 0, 0)位置。80K 时，Mn1a 位置为(000)，(1/2, 1/2, 0)，(1/2, 1/2, 1/2)，(0, 0, 1/2)，MnII 位置为(1/4, 1/4, 1/4)，(3/4, 1/4, 1/4)，(3/4, 3/4, 1/4)，(1/4, 3/4, 1/4)，(3/4, 3/4, 3/4)，(1/4, 3/4, 3/4)，(1/4, 1/4, 3/4)，(3/4, 1/4, 3/4)。

表 2　$Mn_3Zn_{0.96}N$ 的 M_{NTE} 和 M_{PTE} 磁结构数据

磁相	M_{NTE}	M_{PTE}
温度	$T = 160K$	$T = 80K$
结构	三方晶系	正方晶系
空间群	R−3	P1
$a = b/Å$	5.53127(3)（$\sqrt{2}a$）	5.49518(5)（$\sqrt{2}a$）
$c/Å$	6.77522(4)（$\sqrt{3}a$）	7.77253(5)（2a）
$V/Å^3$	179.577(1)	234.78(2)
$M(\mu_B)$	2.74(3)	$Mn_I = 2.44(4)$　　$Mn_{II} = 1.40(4)$
$R_p/\%$	10.25	19.95
$R_{wp}/\%$	14.49	12.55

　　运用中子衍射数据进行 Rietveld 精修得到的 Mn_3Zn_xN 在 295K 时的晶体结构（空间群 Pm−3m）和反铁磁 M_{NTE} 的数据如表 3 所示。Rietveld 精修不同温度下 Mn_3Zn_xN 的中子数据得到的晶体及磁结构信息如表 4～表 6 所示。

表 3　Mn_3Zn_xN 化合物 295K 时的晶体结构和反铁磁 M_{NTE} 的数据

样品编号	Zn99	Zn96	Zn93
	$Mn_3Zn_{0.99}N$	$Mn_3Zn_{0.96}N$	$Mn_3Zn_{0.93}N$
$a/Å$	3.90077(6)	3.90021(4)	3.89891(1)
$V/Å^3$	59.342(1)	59.309(1)	59.282(1)
Mnn	1.00	1.00	1.00
Znn	0.99(1)	0.96(1)	0.93(1)
Nn	0.98(2)	0.99(1)	0.99(1)
$R_\gamma/\%$	5.83	7.70	6.21
$R_\gamma/\%$	7.54	11.24	8.59
γ^2	1.565	1.090	1.307
Zn—Mn（Å）	2.75807(1)	2.75756(1)	2.75714(1)
Mn—N（Å）	1.95025(1)	1.94989(1)	1.94959(1)
Zn—N（Å）	3.37793(1)	3.37731(1)	3.37679(1)
M_{NTE} 磁相			
存在的温度区间	135～185K	125～185K	4～185K
占有率	83%	100%	100%
平均晶胞参数/Å	3.9114(2)	3.9106(2)	3.9089(2)
$\alpha_1(10^{-7}K^{-1})$	8.65	−1.37	5.83

表 4 Rietveld 精修不同温度下 $Mn_3Zn_{0.99}N$ 中子数据得到的晶体及磁结构信息

T/K	a_{PTE}	$Erra_{PTE}$	a_{NTE}	$Erra_{NTE}$	$a_{NTE}-a_{PTE}$	M_{PTE}	$ErrM_{PTE}$	M'_{PTE}	$ErrM'_{PTE}$	M_{NTE}	$ErrM_{NTE}$	F_{NTE}	F_{PTE}
5	3.8872	1.0000e-05				2.52	0.03	1.40	0.010000				100.00
50	3.8873	2.0000e-05				2.50	0.03	1.38	0.020000				100.00
90	3.8881	2.0000e-05				2.32	0.03	1.32	0.020000				100.00
120	3.8891	2.0000e-05				2.32	0.03	1.30	0.020000				100.00
140	3.8901	2.0000e-05	3.9115	0.00020000	0.02143	2.19	0.04	1.14	0.020000	2.18	0.090000	12.0	88.000
145	3.8905	2.0000e-05	3.9118	5.0000e-05	0.02135	2.15	0.04	1.14	0.020000	2.35	0.050000	29.0	71.000
148	3.8907	2.0000e-05	3.9120	3.0000e-05	0.02134	2.00	0.05	1.11	0.030000	2.57	0.030000	54.0	46.000
151	3.8908	2.0000e-05	3.9120	2.0000e-05	0.02124	1.98	0.07	1.06	0.030000	2.61	0.030000	61.0	39.000
154	3.8909	4.0000e-05	3.9120	2.0000e-05	0.02110	2.05	0.09	1.01	0.040000	2.57	0.030000	76.0	24.000
157	3.8911	5.0000e-05	3.9120	2.0000e-05	0.02087					2.77	0.030000	83.0	17.000
160	3.8911	6.0000e-05	3.9120	2.0000e-05	0.02087					2.73	0.030000	85.0	15.000
163	3.8913	6.0000e-05	3.9120	2.0000e-05	0.02067					2.83	0.030000	85.0	15.000
166	3.8916	6.0000e-05	3.9119	2.0000e-05	0.02034					2.72	0.030000	85.0	15.000
169	3.8917	6.0000e-05	3.9119	2.0000e-05	0.02018					2.75	0.030000	85.0	15.000
172	3.8918	6.0000e-05	3.9119	2.0000e-05	0.02008					2.71	0.030000	85.0	15.000
177	3.8923	6.0000e-05	3.9118	2.0000e-05	0.01951					2.68	0.030000	81.0	19.000
190	3.8932	2.0000e-05											100.000
200	3.8940	1.0000e-05											100.000
295	3.9014	1.0000e-05											100.000

表5　Rietveld 精修不同温度下 $Mn_3Zn_{0.96}N$ 中子数据得到的晶体及磁结构信息

T/K	a_{PTE}	$Erra_{PTE}$	a_{PTEc}	a_{NTE}	$Erra_{NTE}$	$a_{NTE}-a_{PTE}$	M_{NTE}	$ErrM_{NTE}$	$(a_{NTE}-a_{PTE})/M_{NTE}$	F_{PTE}	F_{NTE}	M_{PTE}	$ErrM_{PTE}$	M'_{PTE}	$ErrM'_{PTE}$
4	3.8854	2.0000e-05								100.00	0.0000	2.5740	0.033	1.3960	0.013000
20	3.8854	3.0000e-05								100.00	0.0000	2.6710	0.042	1.3790	0.021000
40	3.8855	3.0000e-05								100.00	0.0000	2.4900	0.043	1.3790	0.021000
60	3.8857	3.0000e-05								100.00	0.0000	2.5860	0.045	1.4000	0.022000
80	3.8862	3.0000e-05								100.00	0.0000	2.4330	0.044	1.3580	0.024000
100	3.8867	3.0000e-05								100.00	0.0000	2.3940	0.043	1.3500	0.021000
115	3.8874	3.0000e-05								80.00	20.0000	2.3360	0.045	1.2430	0.022000
120	3.8874	7.0000e-05	3.8877	3.9104	3.0e-05	0.0228	2.7600	0.040	0.0082427	24.000	76.0000	2.7730	0.104	1.3560	0.045000
125			3.8879	3.9104	3.0e-05	0.0225	2.6400	0.040	0.0085059	0.0000	100.00				
130			3.8882	3.9105	3.0e-05	0.0223	2.6300	0.030	0.0084931	0.0000	100.00				
140			3.8886	3.9106	3.0e-05	0.0222	2.7200	0.030	0.0080790	0.0000	100.00				
160			3.8897	3.9106	2.0e-05	0.0210	2.6300	0.030	0.0079695	0.0000	100.00				
180			3.8908	3.9103	3.0e-05	0.0195	2.5000	0.030	0.0078125	0.0000	100.00				
190	3.8916	2.0000e-05								100.00	0.00				
195	3.8920	2.0000e-05								100.00	0.00				
210	3.8930	3.0000e-05								100.00	0.00				
240	3.8953	3.0000e-05								100.00	0.00				
270	3.8977	3.0000e-05								100.00	0.00				
298	3.8999	2.0000e-05								100.00	0.00				

表 6　Rietveld 精修不同温度下 $Mn_3Zn_{0.93}N$ 中子数据得到的晶体结构信息

T/K	a_{NTE}	$Erra_{NTE}$	a_{PTE}	$Erra_{PTE}$	a_{PTE}HPfit	$a_{NTE}-a_{PTE}$	M_{NTE}	$ErrM_{NTE}$	$a_{NTE}-a_{PTE}$	F_{PTE}	F_{NTE}
5	3.9089	2.0000e-05			3.8847	0.024254	2.9930	0.029000	0.0081035	100.00	0.00
30	3.9089	3.0000e-05			3.8846	0.024279	2.9390	0.045000	0.0082609	100.00	0.00
60	3.9089	3.0000e-05			3.8848	0.024112	2.8560	0.049000	0.0084427	100.00	0.00
90	3.9091	3.0000e-05			3.8854	0.023721	2.9280	0.048000	0.0081016	100.00	0.00
120	3.9094	3.0000e-05			3.8863	0.023066	2.8750	0.040000	0.0080228	100.00	0.00
160	3.9094	3.0000e-05			3.8881	0.021388	2.8190	0.045000	0.0075872	100.00	0.00
170	3.9093	3.0000e-05			3.8886	0.020713	2.7240	0.045000	0.0076039	100.00	0.00
175	3.9092	3.0000e-05			3.8889	0.020361	2.6910	0.045000	0.0075664	100.00	0.00
180	3.9090	3.0000e-05			3.8892	0.019850	2.4190	0.047000	0.0082057	100.00	0.00
190			3.8900	3.0000e-05	3.8898					0.00	100.00
195			3.8903	3.0000e-05	3.8901					0.00	100.00
200			3.8907	3.0000e-05	3.8904					0.00	100.00
220			3.8921	3.0000e-05	3.8918					0.00	100.00
240			3.8936	3.0000e-05	3.8934					0.00	100.00
270			3.8960	3.0000e-05	3.8960					0.00	100.00
300			3.8985	2.0000e-05	3.8990					0.00	100.00

3.4.2　Mn_3Zn_xN 化合物磁性质的研究

为进一步探讨 Mn_3Zn_xN 化合物磁转特征，我们测试了不同温度下 Mn_3Zn_xN（$x = 0.96$，0.93）的磁化曲线 M-H 和 10000Oe 外加磁场条件下的磁化率。如图 49 所示，两个样品的磁化曲线在低于 185K 时均发生了滞后和非线性的变化，表明了此处在磁化强度曲线（图 48）上的转变。而对 $Mn_3Zn_{0.96}N$ 样品而言，在低于磁再有序转变温度 115K 恢复了线性的变化。

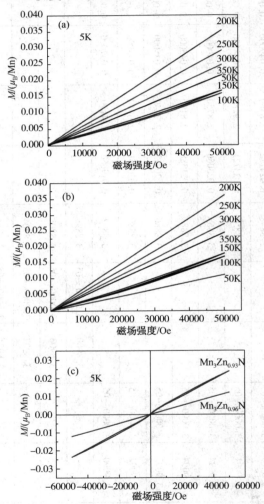

图 48　不同温度下 $Mn_3Zn_{0.96}N$（a）和 $Mn_3Zn_{0.93}N$（b）

磁化曲线，（c）为 5K 下 $Mn_3Zn_{0.96}N$ 和 $Mn_3Zn_{0.93}N$ 的磁滞回线

　　10000Oe 外加磁场条件下测得的磁化率在图 49 中被表示为 $1/\chi$ vs. T 曲线。$Mn_3Zn_{0.96}N$ 曲线中明显看到两个反常的变化，两个转变温度与之前中子衍射(图 46)和磁化强度曲线(图 44)测得的一致。当温度高于 185K 时，两个样品的 χ 均符合居里-外斯定律。C 为居里常数，Θ_W 为外斯温度。外斯温度为负值表明了反铁磁转变。用 $\mu_{eff} = (8C/\eta)^{\frac{1}{2}}\mu_B$ 计算得到的 $Mn_3Zn_{0.93}N$ 和 $Mn_3Zn_{0.96}N$ 的有效磁矩分别为 $2.69\mu_B/Mn$ 和 $3.05\mu_B/Mn$。其中 η 为每个化学式中有效的磁原子数，μ_B 为波尔磁子。两个化合物的有效磁矩均小于 $4\mu_B$，与该类化合物巡游电子特征。

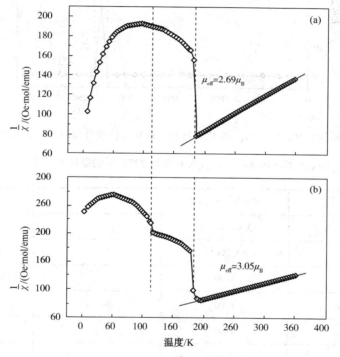

图 49　$Mn_3Zn_{0.93}N$(a)和 $Mn_3Zn_{0.96}N$(b)磁化率倒数与温度的关系曲线及居里-外斯拟合

3.4.3　$Mn_3Zn_{0.41}Ag_{0.41}N$ 和 $Mn_3Zn_{0.5}Ge_{0.5}N$ 化合物磁结构研究

　　我们又对 Ag 和 Ge 元素替代 Zn 元素的两种化合物的的中子衍射和 X 射线衍射的结果进行了精修和分析。其中 $Mn_3Zn_{0.41}Ag_{0.41}N$ 的中子衍射结果(图 50)表明，随着温度的降低，PM 相在 235K 时逐渐转变为 M_{NTE} 相，235~220K 温度区间为 PM 和 M_{NTE} 相共存阶段，当温度低于 220K 时，M_{NTE} 相稳定的存在。此情况与 $Mn_3Zn_{0.93}N$ 样品相似，但是 Ag 元素的掺杂提高了磁相转变的温度。通过 Rietveld

精修方法得到的 295K 时 $Mn_3Zn_{0.5}Ge_{0.5}N$ 的 NRD 数据和 $Mn_3Zn_{0.41}Ag_{0.41}N$ 的 XRD 数据得到的晶体结构以及反铁磁相 M_{NTE} 存在情况如表 7 所示。

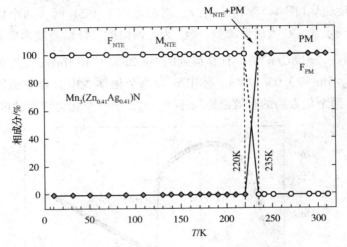

图 50 $Mn_3Zn_{0.41}Ag_{0.41}N$ 化合物 PM 和 M_{NTE} 相成分与温度的关系图

表 7 $Mn_3Zn_{0.5}Ge_{0.5}N$ 和 $Mn_3Zn_{0.41}Ag_{0.41}N$ 化合物 295K 时的晶体结构及反铁磁 M_{NTE} 的数据

样品	$Mn_3Zn_{0.5}Ge_{0.5}N$		$Mn_3Zn_{0.41}Ag_{0.41}N$
$a/Å$	3.91909(5)		3.9539(2)
$V/Å^3$	60.19(1)		61.81(1)
Mnn	1.00		0.97(2)
Zn/Gen	1.00	Zn/Agn	0.82(1)
Nn	1.00		1.00
R_p	2.61		0.1160
R_{wp}	3.47		0.1684
χ^2	1.11		0.9384
$Zn/Ge—Mn/Å$	2.77121(5)	$Zn/Ag—Mn$	2.79582(15)
$Mn—N/Å$	1.95955(5)	$Mn—N$	1.97694(15)
$Zn/Ge—N/Å$	3.39403(5)	$Zn/Ag—N$	3.42417(15)
M_{NTE}磁相			
存在温区	低于 530K		低于 220K

样品	$Mn_3Zn_{0.5}Ge_{0.5}N$		$Mn_3Zn_{0.41}Ag_{0.41}N$
占有率	变化(0~100%)		100%
平均晶胞参数/Å	3.91791(5)		3.95791(5)
$\alpha_l/(10^{-6}\mathrm{K}^{-1})$	3.07(350~530K)		2.31(<220K)

3.4.4 小结

由以上的实验结果和讨论可知，Zn 空位的引入调控了磁结构的形成和存在温区，但并没有改变 M_{NTE} 相的转变温度。当 Zn 空位为 1% 时，PM 相在 185K 部分的转变为 M_{NTE} 相，而随着温度的进一步降低，PM 和 M_{NTE} 相在 135K 全部转变为 M_{PTE} 相。而当 Zn 空位为 4% 时，PM 相在 185K 时则完全转变为 M_{NTE} 相，在低于 120K 时，M_{NTE} 相完全转变为 M_{PTE}。而当 Zn 空位为 7% 时，只存在 185K 的 PM-M_{NTE} 相转变，在低于 185K 时，M_{NTE} 相继续稳定存在。当用 Ag 和 Ge 元素部分地替代 Zn 元素时，发现磁转变类型与 $Mn_3Zn_{0.93}N$ 相似，但是扩展了 M_{NTE} 相的存在温区。$Mn_3Zn_{0.41}Ag_{0.41}N$ 化合物 M_{NTE} 相的存在温区从接近 0K 直到 220K，$Mn_3Zn_{0.5}Ge_{0.5}N$ 化合物 M_{NTE} 相的存在温区从接近 0K 直到 530K。

3.5 $Mn_3(Zn, M)_xN(M=Ag, Ge)$ 化合物热膨胀性质与磁相变关联性研究

3.5.1 Mn_3Zn_xN 化合物热膨胀性质的研究

Mn_3Zn_xN 化合物晶胞参数随温度变化曲线如图 51 所示。温度高于 185K 时，晶胞参数 a_{PM} 随着温度的降低而下降。当温度降到 185K 时，发生了负热膨胀现象，但是由于 Zn99 样品 PM-M_{NTE} 转变，是不完全的转变。因此从图中可以看出晶胞参数一部分变为 a_{NTE}，一小部分 a_{PM} 仍然沿原来的变化曲线而变化。而当发生 M_{PTE} 磁相变时，晶胞参数 a_{PTE} 曲线又恢复到原 a_{PM} 曲线的变化趋势。从图中可以看出三个样品的 NTE 相的晶胞参数 a_{NTE} 随温度的变化几乎没有明显的变化。根据热膨胀系数(CTE)的计算公式 $\alpha = \left(\dfrac{1}{a_0}\right)\left(\dfrac{\mathrm{d}a}{\mathrm{d}T}\right) = \left(\dfrac{1}{a_0}\right)\left(\dfrac{\Delta a}{\Delta T}\right)$，计算得到这三个样品，$M_{NTE}$ 相的热膨胀系数(CTE)均小于 $10^{-7}\mathrm{K}^{-1}$，如此小的热膨胀系数可以认为是零膨胀。而且发生在如此广的温区范围内的热膨胀系数已经远远小于在因瓦合金中的报道[136,137]。

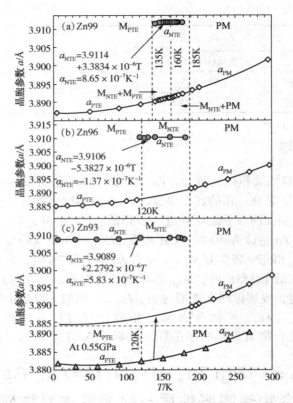

图 51　Mn₃Zn$_x$N 化合物晶胞参数随温度变化曲线

3.5.2　Mn₃Zn$_x$N 化合物热膨胀性质与磁相变关系的研究

Zn 空位控制了磁结构的形成及存在温区。但是我们不难发现只有图 49(b) 的磁结构即 M_{NTE} 相能与晶格发生强关联，产生大的负热膨胀以补偿由非简谐运动引起的正常热膨胀，从而产生零膨胀。

S. Iikubo 等[86]认为在 Mn₃Cu₁₋$_x$Ge$_x$N 化合物中大的磁体积效应(MVE)与立方 Γ^{5g} 反铁磁相密切相关。此结果与我们 Mn₃Zn$_x$N 的结果一致，只有 M_{NTE} 磁相才具有 MVE 效应。材料的这一行为很可能是 Zn 空位促进了 M_{NTE} 相得稳定。另外文献[148,149]中也报道，反铁磁相 Γ^{5g} 和 Γ^{4g} 在 Mn₃Cu₁₋$_x$ Ge$_x$N($x=0.5$)中是竞争存在的，然而负热膨胀是由局域晶格畸变引起的反铁磁 Γ^{5g} 有序磁矩引起的，反铁磁相 Γ^{5g} 和 Γ^{4g} 磁结构如图 52 所示。但是猜测这是由 N 元素含量的不同引起的。T. Hamada 等[150]在 Mn₃ZnN 中也观察到了与我们的结果相似的现象，但是他们假设这是由 N 原子的无序引起的。

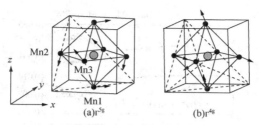

图 52　Γ^{5g}(a)和Γ^{4g}(b)反铁磁结构体心为 N 原子，面心为 Mn 原子

　　沿着 PM 和 PTE 相晶胞参数随温度变化的光滑曲线，NTE 相和 PTE 相间的差可以对 M_{NTE} 相的磁-晶格耦合进行定量计算。这个结果可以用随着温度降低磁有序引起的晶格变化[$a_M(T)$]和正常的热膨胀用[$a_T(T)$]间的差来表示。Zn99 和 Zn96 两个样品，$a_T(T)$ 可以很容易通过延长和拟合晶胞参数随温度变化的光滑曲线 a_{PM} 和 a_{PTE} 得到。而 Zn93 样品，由于 M_{NTE} 存在温区很长，所以很难得到 $a_T(T)$。我们可以运用 PM 相的晶胞参数随温度变化的延长线来得到，但是通过 $a_{PTE} < a_{NTE}$ 可以更准确地得到估计值。所以我们可以通过施加外界压力，对相产生有利的影响。因此对 Zn93 样品进行中子衍射测试时，施加 0.55GPa 外界压力以使 M_{NTE} 完全转变为 M_{PTE} 相，或者高温阶段的 PM 相。因此 a_{PM} 和 a_{PTE} 形成了一条与图 51(c)中上面的曲线趋势相同的光滑的曲线图。用这条高压下得到的曲线与常压下得到的 a_{PM} 线拟合匹配，对低于 T_N 时的 $a_T(T)$ 进行计算。由于 M_{PTE} 相磁矩与晶格没有明显的强关联，因此我们假设 $a_{PTE}(T) = a_{PM}(T) = a_T(T)$，然后用 $\Delta a_m(T) = a_{NTE}(T) - a_T(T)$ 估算 NTE 相的作用，结果如图 43。从图中可以看出，随着温度的降低 $\Delta a_m(T)$ 的变化趋势大致与有序磁矩的变化速率相同。另外，我们发现变化率 $r(T) = \Delta a_m(T)/m_{NTE}(T)$ 几乎与温度无关，揭示了 NTE 效应是由 Mn 的有序磁矩的大小调控的。Zn99 样品 M_{NTE} 相的存在温区很小便转变为 M_{PTE} 相。在这个转变过程中相成分逐渐变为零(图 36)，因此很难分辨 M_{NTE} 相中 Mn 的磁矩。但是当两相共存时，磁矩开始下降。Zn96 和 Zn93 样品的转变很明显而且没有两相共存区，也没有观察到磁矩减小。因此，M_{NTE} 相中 $\Delta a_m(T)$ 几乎完全抵消了由非简谐运动引起的正常热膨胀，产生了极低的热膨胀系数。显然，这一反常的热膨胀是由自旋-晶格的强关联引起的。

　　M_{PTE} 相的 Mn 磁矩如图 53 所示。M_{PTE} 中两个不等价磁原子的磁矩 $m_{PTE}(T)$ 和 $m'_{PTE}(T)$ 与文献[4,147]中报道的一致。Zn99 样品的两个磁矩随着温度的降低缓慢增大[图 53(a)]，而 Zn96 样品的两个磁矩则大致保持不变。由于 M_{PTE} 相的磁矩-晶格不存在明显的强关联性，因此 M_{PTE} 相的 Mn 磁矩对热膨胀而言并不重要。

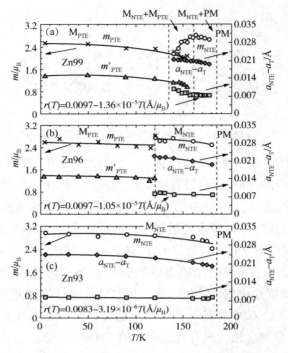

图 53 Mn₃Zn$_x$N[$x=0.99$(a)，0.96(b)，0.93(c)]
化合物晶格差 $a_{NTE}-a_T$，有序磁矩和 $r(T)$ 的关系图

由非简谐热振动引起的正热膨胀 $a_T(T)$ 和由自旋有序引起的负热膨胀 $a_m(T)$ 的相互关系示意图，如图 54 所示。

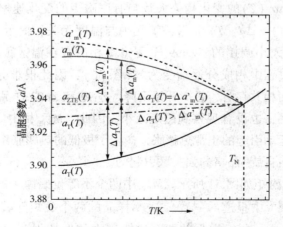

图 54 由非简谐热振动引起的正热膨胀和
由自旋有序引起的负热膨胀的相互关系示意图

3.5.3 Mn₃Zn₀.₄₁Ag₀.₄₁N 和 Mn₃Zn₀.₅Ge₀.₅N 化合物热膨胀性能与磁相变的研究

由以上研究可知，Zn 空位的浓度调控了相的形成和存在区间。因此我们可知化合物的性质还可以通过 Zn 位元素适当的元素替代来实现有序磁矩和晶胞参数的变化。由 3.4.3 节可知，Ag 和 Ge 元素的没有改变磁转变的类型，但是提高了磁转变的温度。Mn₃Zn₀.₄₁Ag₀.₄₁N 和 Mn₃Zn₀.₅Ge₀.₅N 热膨胀性质如图 55(a)和图 55(b)和表 7 所示。运用原子半径大于 Zn 的 Ag 元素部分的取代 Zn 元素，Mn₃Zn₀.₄₁Ag₀.₄₁N，使 T_N 提高到 220K。精修中子数据，T_N 温度以下的热膨胀系数

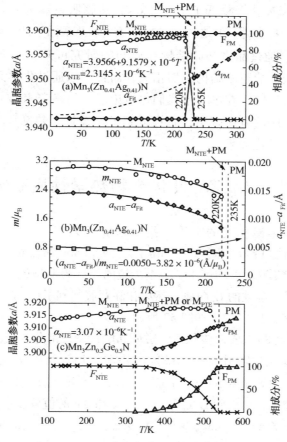

图 55 Mn₃Zn₀.₄₁AgN(a，b)和 Mn₃Zn₀.₅Ge₀.₅N(c)
化合物晶胞参数随温度变化曲线及晶格变化 $a_{NTE}-a_T$ 与磁矩的关系

$\alpha = 2.31 \times 10^{-6} K^{-1}$。50%的 Zn 用 Ge 元素取代时,$T_N$ 提高到 530K,通过 XRD 数据精修得到 $Mn_3Zn_{0.5}Ge_{0.5}N$ 在 350~530K 温度范围内的热膨胀系数为 $\alpha = 3.07 \times 10^{-6}$ K^{-1}[如图 56(c)所示]。P. Gorria 等[138]发现,因瓦合金体系中应力可以展宽低热膨胀(LTE)的温区。他们认为 Fe 原子周围的微观应变使 Fe—Fe 间原子距离增大。这也是目前与磁结构和反常热膨胀性质相关的一个普遍的机制。

3.5.4 小结

Mn_3Zn_xN($x = 0.99$,0.96,0.93)三个化合物的 M_{NTE} 相的热膨胀系数(CTE)均小于 $10^{-7}K^{-1}$,因此在此温度区间三个化合物可以认为是零热膨胀材料。$Mn_3Zn_{0.41}Ag_{0.41}N$ 化合物低于 T_N,220K,热膨胀系数为 $\alpha = 2.31 \times 10^{-6}K^{-1}$。$Mn_3Zn_{0.5}Ge_{0.5}N$ 化合物在 350~530K 温度范围内的热膨胀系数为 $\alpha = 3.07 \times 10^{-6}K^{-1}$。通过晶格和此结构性质间的研究可知,立方反钙钛矿结构化合物的负热膨胀性能与磁结构密切相关,而且可以通过化学元素掺杂和空位浓度来调节产生的温区。在本节中我们也讨论了如何稳定 M_{NTE} 相,调节磁有序的温度和产生零膨胀的有序磁矩。而且得到了调控近零热膨胀机制的 Mn 有序磁矩值和晶格差的量化关系。

3.6 Mn_3Zn_xN 化合物热学性质研究

为了进一步了解磁相变的本质,我们测量了 Zn96 和 Zn99 两个样品的在 160~260K 之间的比热容 C_p(图 56)。$Mn_3Zn_{0.93}N$ 和 $Mn_3Zn_{0.96}N$ 两个样品在 $C_p vs T$ 中~185K 接近磁转变温度处均产生了一个尖锐的峰,为典型的一级相变。通过拟合转变点以上和以下温度的 C_p 曲线,然后扣除背底得到了熵(表8)。两个样品的熵变的值几乎相等接近 $1.3R$,如图 57 所示。

观察到得熵(表8)主要由体积熵、磁熵和电荷熵三部分构成,即 $\Delta S = \Delta S_l +$ $\Delta S_m + \Delta S_e$。体积熵可以用 $\Delta S_l = \alpha \Delta V / \kappa$ 粗略的计算得到。α 为热膨胀系数,κ 为等温压缩系数,约等于 $0.5 \times 10^{-11} Pa^{-1}$[151],$\Delta V$ 为发生转变时的体积变化。但是,我们不可以直接计算得到 ΔS_m 和 ΔS_e。α 和 ΔV 的值可以由前面的实验值得到。因此我们可以得到 $Mn_3Zn_{0.93}N$ 和 $Mn_3Zn_{0.96}N$ 在 T_N 转变时的 $\Delta S_l / R$ 分别为 -0.17 和 ~-0.16,因此 $\Delta S_m + \Delta S_e$ 约等于 $1.5R$。但是,从目前的数据我们不能得到每个参数的定量的值。

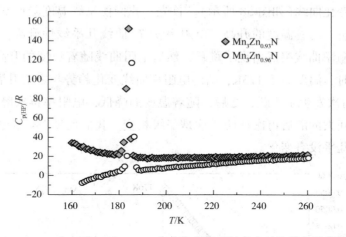

图 56　$Mn_3Zn_{0.93}N$ 和 $Mn_3Zn_{0.96}N$ 化合物高温相转变点的比热与温度关系

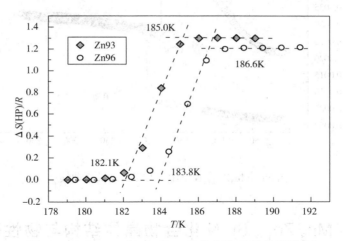

图 57　$Mn_3Zn_{0.93}N$ 和 $Mn_3Zn_{0.96}N$ 化合物 T_N 处的熵增 ΔS

表 8　$Mn_3Zn_{0.93}N$ 和 $Mn_3Zn_{0.96}N$ 转变处的熵变 ΔS 和焓变 ΔH

化合物	T_1/K	$\Delta S/R$	$\Delta S_1/R$	$\Delta H_1/(J/mol)$
$Mn_3Zn_{0.93}N$	184.03	1.3	−0.17	8308.31
$Mn_3Zn_{0.96}N$	185.43	1.2	−0.16	7739.16

3.7　$Mn_3Zn_{0.93}N$ 化合物电输运性质研究

为了进一步研究磁有序转变对电输运性质的影响，我们测试了 $Mn_3Zn_{0.93}N$ 电阻率随温度变化曲线（如图 58 所示）。首先，我们使系统温度降低到 10K，然后进行升温测量。随着温度的升高，电阻率 $\rho(T)$ 曲线几乎线性升高。直到 185K，T_N 附近，电阻率曲线突然出现了跳跃，然后电阻曲线随着温度的升高线性升高。当降温测量时，温度高于 173K，新的电阻率曲线变化趋势与之前升温曲线相似，然后 $\rho(T)$ 再次发生了跳跃，之后，随着温度的降低，电阻率再次降低。电阻率升温和降温间大的滞后再次证明了这是一级相变。我们反复对实验进行了重复，得到的结果几乎没有变化。

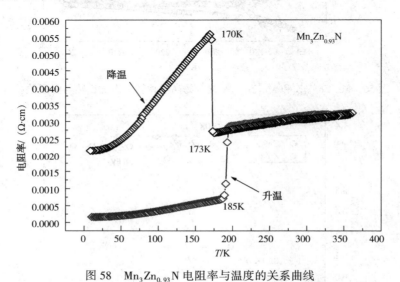

图 58　Mn₃Zn₀.₉₃N 电阻率与温度的关系曲线

3.8　Mn₃Zn₁₋ₓSiₓN 化合物晶体结构与物性研究

3.8.1　Mn₃Zn₁₋ₓSiₓN 化合物晶体结构

首先测量了 Mn₃Zn₁₋ₓSiₓN 样品的常温 XRD 衍射图谱，如图 59 所示。与标准的 PDF 卡片对比没有各元素氧化物、氮化物或其他化合物的衍射峰出现，但是有 Si 元素单质衍射峰出现。利用 Fullprof 软件对 XRD 数据进行精修和指标化处理，结果显示所制备的多晶样品的晶体结构均为简单立方结构，空间群为 Pm3̄m。对元素 Si 含量的精修结果表明 Mn₃Zn₁₋ₓSiₓN 中 Si 的含量非常少，含量在 10^{-2} 左右。由于 Si 的半径和外层电子数与 Zn 元素相差较多，所以 Si 可能比较难

进入 $Mn_3Zn_{1-x}Si_xN$ 的晶格。但是为了验证 Zn 元素掺杂的效应我们还是进行了其他的测试。

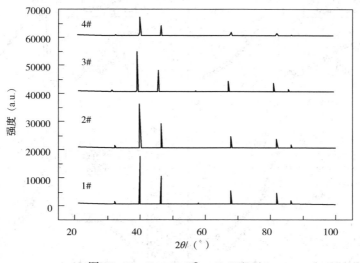

图 59 $Mn_3Zn_{1-x}Si_xN[\ x=0.05(1\#)$，

0.1(2#)，0.15(3#)和0.25(4#)]化合物室温 XRD 图谱

3.8.2 $Mn_3Zn_{1-x}Si_xN$ 化合物磁性质的研究

$Mn_3Zn_{1-x}Si_xN$（$x=0.05$，0.1，0.15 和 0.25）化合物的零场冷（ZFC）和场冷（FC）条件下外加磁场为 5000Oe 测得的磁化强度曲线如图 60 所示。由于磁失措效应[152]的存在，ZFC 和 FC 曲线在低温阶段的也存在明显的分离现象。从 ZFC 曲线可知，$Mn_3Zn_{1-x}Si_xN$ 化合物存在明显的反铁磁转变，但随着 Si 含量的增加并没有改变 $Mn_3Zn_{1-x}Si_xN$ 的磁有序类型。$Mn_3Zn_{0.95}Si_{0.05}N$、$Mn_3Zn_{0.9}Si_{0.1}N$、$Mn_3Zn_{0.85}Si_{0.15}N$ 和 $Mn_3Zn_{0.75}Si_{0.25}N$ 化合物的磁转变温度分别为 165K、175K、160K、150K。随着 Si 名义含量的增加，$Mn_3Zn_{1-x}Si_xN$ 磁转变温度没有明显的变化规律，但是与 Mn_3Zn_xN 化合物相比反铁磁转变温度明显降低(图 42)。$Mn_3Zn_{1-x}Si_xN$ 样品中含有 Si 的杂质，说明按计量配比称量的 Si 单质没有完全进入晶格，从而导致 $Mn_3Zn_{1-x}Si_xN$ 化合物中 Si 的实际含量小于或者远远小于名义含量，干扰了 Si 的掺杂效应。我们还测了不同温度下 $Mn_3Zn_{1-x}Si_xN$ 磁化曲线 M-H 曲线(如图 61 所示)。磁化曲线在高于 150K 时均发生了滞后和非线性的变化，表明了此处在磁化强度曲线(图 60)上的转变。

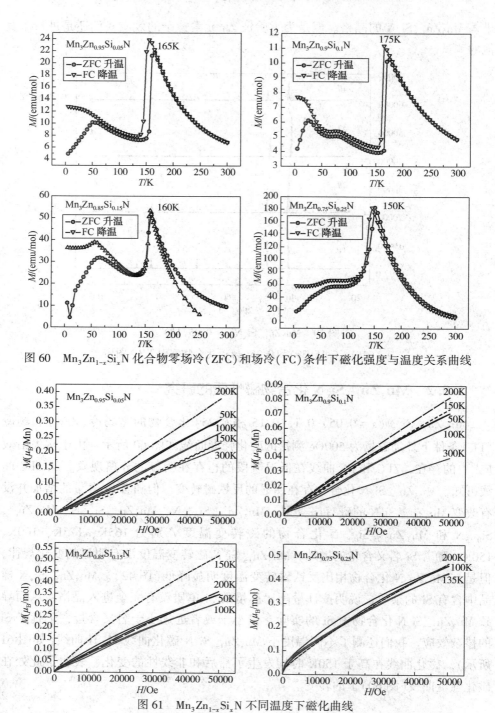

图 60　$Mn_3Zn_{1-x}Si_xN$ 化合物零场冷(ZFC)和场冷(FC)条件下磁化强度与温度关系曲线

图 61　$Mn_3Zn_{1-x}Si_xN$ 不同温度下磁化曲线

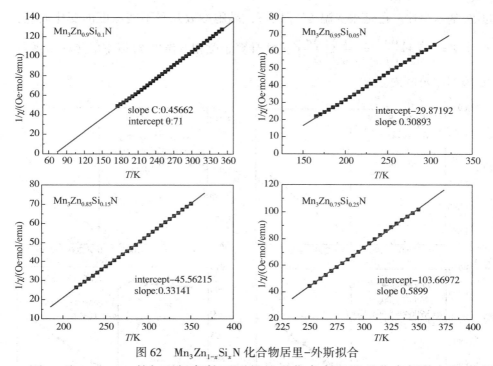

图62 $Mn_3Zn_{1-x}Si_xN$ 化合物居里–外斯拟合

图62为10000Oe外加磁场条件下测得的磁化率高温段磁化率倒数与温度的关系曲线即$1/\chi \sim T$曲线。从图中可以看出样品在高温段均满足居里–外斯定律。C为居里常数，Θ_W为外斯温度。外斯温度为负值表明了反铁磁转变。用$\mu_{eff}=(8C/\eta)^{\frac{1}{2}}\mu_B$计算得到的$Mn_3Zn_{0.95}Si_{0.05}N$、$Mn_3Zn_{0.9}Si_{0.1}N$、$Mn_3Zn_{0.85}Si_{0.15}N$和$Mn_3Zn_{0.75}Si_{0.25}N$的有效磁矩分别为2.41$\mu_B$/Mn、2.93$\mu_B$/Mn、2.83$\mu_B$/Mn和2.12$\mu_B$/Mn。其中$\eta$为每个化学式中有效的磁原子数，$\mu_B$为波尔磁子。两个化合物的有效磁矩均小于4$\mu_B$，表示该类化合物巡游电子特征。

3.8.3 $Mn_3Zn_{1-x}Si_xN$ 化合物热膨胀性质的研究

通过变温XRD技术对材料$Mn_3Zn_{0.95}Si_{0.05}N$、$Mn_3Zn_{0.9}Si_{0.1}N$、$Mn_3Zn_{0.85}Si_{0.15}N$和$Mn_3Zn_{0.75}Si_{0.75}N$在10~300K温区内的热膨胀性质进行了研究。XRD图谱显示，随温度变化，仅有峰位的移动，未发生峰的劈裂或产生新的峰。因此该系列材料在整个测量温区内一直保持立方结构。通过Fullprof软件运用Rietveld方法对不同温度下的$Mn_3Zn_{1-x}Si_xN$的XRD数据进行精修，得到了样品在不同温度下的晶胞常数。$Mn_3Zn_{1-x}Si_xN$系列样品晶胞常数随温度变化曲线如图63所示。从图中可知$Mn_3Zn_{1-x}Si_xN$化合物均发生了晶格的反常变化，晶格变化的温度与磁相变温

度 T_N 基本一致。在磁相变温度 T_N 以下，晶胞参数几乎不随温度的变化而变化，通过 $\alpha = \left(\dfrac{1}{a_0}\right)\left(\dfrac{da}{dT}\right) = \left(\dfrac{1}{a_0}\right)\left(\dfrac{\Delta a}{\Delta T}\right)$ 公式计算了磁相变温度 T_N 以下的热膨胀系数均在 $10^{-6}K^{-1}$ 范围内。

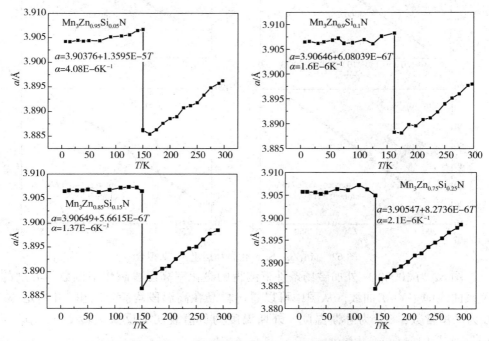

图 63　$Mn_3Zn_{1-x}Si_xN$ 化合物晶胞参数随温度的变化

3.8.4　小结

$Mn_3Zn_{1-x}Si_xN$ 化合物磁转变类型为反铁磁转变，随着磁相变，晶格也发生了反常的变化，在反铁磁转变温度以下的热膨胀系数均在 $10^{-6}K^{-1}$。Si 的掺杂使化合物的反铁磁转变温度与 Mn_3Zn_xN 化合物相比明显降低，但是 $Mn_3Zn_{1-x}Si_xN$ 化合物本身磁转变温度随着 Si 掺杂含量的变化没有明显的规律性。与 XRD 结果结合分析很可能是由于 Si 元素没能完全进入晶格位置。

3.9　本章小结

采用真空固相合成的方法成功合成了 Mn_3Zn_xN（$x=0.99$，0.96，0.93）和

$Mn_3Zn_{0.41}Ag_{0.41}N$ 以及 $Mn_3Zn_{0.5}Ge_{0.5}N$ 化合物,应用 XRD 和中子衍射技术等方法对化合物的结构与热膨胀性能进行了测量分析,并且对化合物磁、热及电等物理性质及关联性进行了深入讨论。

①根据热膨胀系数(CTE)的计算公式 $\alpha = \left(\dfrac{1}{a_0}\right)\left(\dfrac{\mathrm{d}a}{\mathrm{d}T}\right) = \left(\dfrac{1}{a_0}\right)\left(\dfrac{\Delta a}{\Delta T}\right)$,计算得到 $Mn_3Zn_xN(x=0.99,\ 0.96,\ 0.93)$ 三个样品的 M_{NTE} 相的热膨胀系数(CTE)均小于 $10^{-7}\mathrm{K}^{-1}$,如此小的热膨胀系数可以认为是近零膨胀,存在温区分别为 135～185K,120～185K 和低于 185K。当用 Ag 和 Ge 元素部分替代 Zn 元素时,提高了化合物的磁转变温度,实现了对低膨胀行为产生温区的调控。$Mn_3Zn_{0.41}Ag_{0.41}N$ 化合物低于 220K 的热膨胀系数为 $\alpha = 2.31\times10^{-6}\mathrm{K}^{-1}$,$Mn_3Zn_{0.5}Ge_{0.5}N$ 在温区为 350～530K 的热膨胀系数为 $\alpha = 3.07\times10^{-6}\mathrm{K}^{-1}$ 。

②在 $Mn_3(Zn, M)_xN(M=Ag,\ Ge)$ 化合物中,反常的热膨胀是由自旋-晶格的强关联引起的,只有 M_{NTE} 相能与晶格发生强关联产生磁体积效应(MVE)。在 $Mn_3(Zn, M)_xN$ 化合物中,Zn 空位浓度的增加和 Ag 和 Ge 元素的掺杂促进了 M_{NTE} 相稳定存在。NTE 相对晶格的作用可以用由 M_{NTE} 相引起的晶格变化的值与由温度引起的晶胞参数变化的值之间的差表示即,$\Delta a_m(T) = a_{NTE}(T) - a_T(T)$,而得到的晶胞差与磁矩的比值为一个与温度变化几乎无关的常数 $r(T) = \Delta a_m(T)/m_{NTE}(T)$ 。所以有序磁矩的大小反应 M_{NTE} 相对晶格的贡献。因此,M_{NTE} 相中 $\Delta a_m(T)$ 几乎完全抵消了由非简谐运动引起的正常热膨胀,产生了近零热膨胀系数。所以我们可以通过化学元素的替代和空位浓度来调控磁有序的产生温度和有序磁矩,从而来调节近零热膨胀产生的温区。

③$Mn_3Zn_{0.93}N$ 和 $Mn_3Zn_{0.96}N$ 两个样品在 C_p vs$T$ 曲线中～185K 即接近磁转变温度 T_N 处均产生了一个尖锐的峰,为典型的一级相变。通过拟合计算得到两个样品的熵变值几乎相等,接近于 $1.3R$,由体积、磁和电荷三部分的熵组成。$Mn_3Zn_{0.93}N$ 和 $Mn_3Zn_{0.96}N$ 化合物在 T_N 转变时的体积熵分别为 $-0.17R$ 和 $-0.16R$,由磁和电荷引起的熵约等于 $1.5R$ 。另外,测试了 $Mn_3Zn_{0.93}N$ 电阻率随温度变化曲线,反复测量发现升温和降温过程均在 T_N 附近,突然出现了跳跃,并且存在滞后现象。

总之,我们对 $Mn_3(Zn, M)_xN(M=Ag,\ Ge)$ 系列化合物的晶格膨胀、磁、电等物理性质进行了系统的研究。运用 Zn 空位浓度的调控和 Zn 位元素的替代实现了对近零膨胀行为的调控。探讨了如何稳定 NTE 相,调控有序磁矩以实现近零膨胀。而且我们定量讨论了调控近零膨胀行为的有序磁矩和晶格变化的关系。

第 4 章 $Mn_3Co(Mn, Zn)_xN$
化合物晶格及磁、电输运性质的研究

4.1 引言

早在 40 年前，反钙钛矿类材料的最初研究者之一 Daniel Fruchart 攻读博士学位期间就发现无法获得纯的 Mn_3CoN 化合物，并在自己的博士论文里阐述了这一结果。然而 $Co(3d^74s^2)$ 这一磁性元素在其他结构的化合物里面却起着十分重要的作用，比如在磁性材料里面的交换偏置效应等，因此引起了我们的研究兴趣。在 Daniel Fruchart 工作的基础上，我们尝试改变不同的原料配比，不同的烧结工艺等期望获得纯的 Mn_3CoN 化合物，然而都没有能成功获得纯的甚至仅含有少量杂质的 Mn_3CoN 化合物。但是，在我们不断的尝试和测试分析中，我们采用制备 Mn_3CoN 化合物的配方获得了 $Mn_3Co_{0.5}Mn_{0.5}N$ 的化合物，并发现了巨交换偏置的效应。因此，后续的实验在仍然不断尝试改进实验方案的基础上，我们尝试对 Mn_3CoN 化合物在 Co 位置的元素替代。我们选取了具有一定研究基础的非磁性元素 Zn，非磁性元素 Zn 的原子半径和价电子数均大于 Co，因此我们尝试做了不同含量的 Zn 元素取代实验，期望获得一些规律性的实验结果，并对该系列材料晶格及磁电输运性质有更加深入全面的认识。

4.2 $Mn_3Co(Mn, Zn)_xN$
化合物的合成、结构与性能表征

多晶样品 $Mn_3Co(Mn, Zn)_xN$ 化合物是用固相合成的方法制备的。按化学配比，称取一定量的氮化锰(Mn_2N)和金属粉末 Zn、Co 和 Mn 等，分别将其在玛瑙研钵中混合均匀，研磨 1h 以上，然后使用压片机对粉末施以 20MPa 的压力，将粉末压成片状后用钽薄包裹，然后装入石英管中并同时迅速接上抽真空系统，抽真空至 10^{-5}Pa，然后封闭石英管，2h 内升温至 800℃。在此温度下保温 80h，关闭电源，随炉冷却至室温，取出样品，即可得到 $Mn_3Co(Mn，Zn)_xN$ 样品。

4.2.1 $Mn_3Zn_{1-x}Co_xN$ 化合物的相关测试

采用 X 射线衍射（Cu Kα 射线源，测试角为 20°~110°，PANalytical X'Pert Pro multipurpose XRD）对 $Mn_3Zn_{1-x}Co_xN$ 化合物的晶体结构和物相分析。晶胞参数采用 Fullprof 软件[153]，Rieteveld 的分析方法进行分析。热膨胀系数（测试温区为 220~360K）采用变温 X'Pert PRO MPD 仪的以 10K/min 的升温速度测量不同温度下的数据。首先得到不同温度下的 XRD 衍射结果，然后用 PowderX[122] 软件计算出各个温度下的晶胞常数，最后根据膨胀系数的计算公式来计算出热膨胀系数。采用 X 射线能谱仪（EDS）材料元素的分布进行了分析。5~350K 温度下的磁化强度曲线（零场冷和场冷）的测量采用了 Quantum Design MPMS-XL。电阻率随温度变化曲线采用中国科学院物理研究所的物性测量系统（PPMS）。热分析采用德国耐驰公司的差示扫描量热仪（DSC）（DIL-420）进行测量。

4.2.2 $Mn_3Co_{0.5}Mn_{0.5}N$ 化合物的相关测试

$Mn_3Co_{0.5}Mn_{0.5}N$ 化合物的磁性质采用 SQUID-VSM 磁强计（Quantum Design，MPMS3）进行测量。外加 0.1T 的磁场，在 5~400K 温度区间内进行了零场冷和场冷的测量。磁滞后环是采用 SQUID-VSM 磁强计在不同温度下，外加磁场-7~7T 之间进行了零场冷和场冷的测试。2~300K 的热熔测试是外加 0T 磁场条件下运用商用量热计（Quantum Design PPMS）采用脉冲弛豫的方法获得的。

中子粉末衍射实验室在卢瑟福阿普尔顿实验室（英国）的 ISIS 脉冲中子和 μ 介子装置 Wish 衍射仪上上进行的[154]。将粉末样品（2g）装入 6mm 圆柱形钒罐中，并使用闭式循环冷却系统（CCR）在 5~550K 的温度范围内进行测量。对晶体和磁结构进行了 Rietveld 的精修，运用 FullProf 软件[153]对探测器中的每 2θ 分别为 58°、90°、122°和 154°的数据进行的，每个数据覆盖了散射面的 32°。群理论计算是利用 BasIreps，ISODISTORT and Bilbao Crystallographic Server（Magnetic Symmetry and Applications）软件完成的[155,156]。

4.3 $Mn_3Zn_{1-x}Co_xN$ 化合物晶体结构与物性研究

4.3.1 $Mn_3Zn_{1-x}Co_xN$ 化合物晶体结构

室温下的晶体结构采用的粉末 X 射线衍射技术（XRD）进行研究，如图 64 所示。所有的晶体均为立方结构的反钙钛矿结构，空间群为 $Pm\bar{3}m$。$Mn_3Zn_{1-x}Co_x N$ 样品的 XRD 图运用 Fullprof 软件进行精修和分析[153]。最初的分析拟采用的空间群结构，N、Zn/Co 和 Mn 分别位于 1a 位置(0，0，0)，1b 位置(1/2，1/2，1/2)，和 3d 位置(1/2，0，0)。采用 Rietveld 拟合数据和实验数据匹配良好，表明 Pm-3m 的空间群结构适合 $Mn_3Zn_{1-x}Co_x N$ 样品。图 64(c)和(d)为 $x=0.2$ 和 0.9 时的精修结果。少量 MnO 杂质的存在在精修中未考虑，已经在图 64 中标出。晶胞参数随 Co 含量的变化图如图 64(b)所示。当 $x=0.2$，0.4，0.5，0.7 和 0.8 时，其晶胞常数分别为 3.8858Å，3.8824Å，3.8787Å 和 3.8733Å，晶胞参数随着 Co 含量的增加单调的降低，Co 的原子半径小于 Zn 的原子半径，因此表明 Co 成功地掺入 Mn_3ZnN 的晶格中。

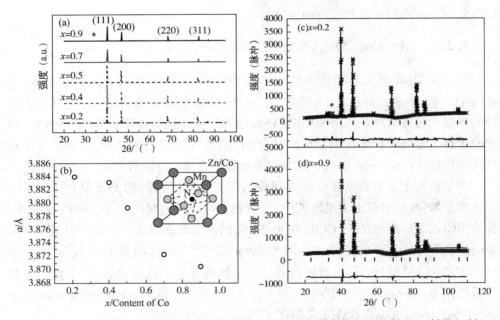

图 64　(a)$Mn_3Zn_{1-x}Co_x N(x=0.2，0.4，0.5，0.7，0.9)$化合物室温的粉末 X 射线衍射；(b)晶胞参数与 Co 含量关系图，插图为 $Mn_3Zn_{1-x}Co_x N$ 化合物的晶体结构示意图；(c，d)室温下 $Mn_3Zn_{1-x}Co_x N(x=0.2$ 和 0.9)XRD 的 Rietveld 的精修。叉号和实线分别为观察和计算图。观察数据和计算数据的差值在图的底部展出。布拉格衍射峰的位置以竖线标出。星号标出的为 MnO 杂质，排除的区域来自样品台的衍射峰(Cu)

4.3.2　$Mn_3Zn_{1-x}Co_xN$ 化合物形貌分析

固相法合成的 $Mn_3Zn_{0.6}Co_{0.4}N$、$Mn_3Zn_{0.5}Co_{0.5}N$、$Mn_3Zn_{0.3}Co_{0.7}N$ 和 $Mn_3Zn_{0.2}Co_{0.8}N$ 化合物放大 10000 倍条件下的 SEM 照片如图 65 所示。从图可知，化合物结晶明显，表面颗粒均匀，致密度良好。另外，从 EDS 结果可知，Mn，Zn，Co 各元素在化合物中均匀分布，无明显的元素堆积现象。这也说明，我们得到了纯的 $Mn_3Zn_{1-x}Co_xN$ 化合物。

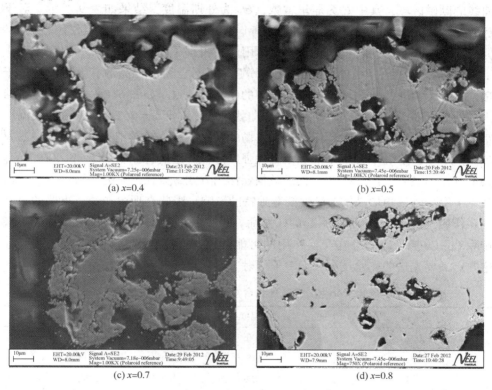

(a) $x=0.4$　　　　　　　　　　　　(b) $x=0.5$

(c) $x=0.7$　　　　　　　　　　　　(d) $x=0.8$

图 65　$Mn_3Zn_{1-x}Co_xN[x=0.4(a)，0.5(b)，0.7(c)，0.8(d)]$化合物 SEM 图

4.3.3　$Mn_3Zn_{1-x}Co_xN$ 化合物磁性质研究

多晶 $Mn_3Zn_{1-x}Co_xN$ 的 ZFC 和 FC 条件下的变温磁化率曲线如图 66 所示。与母相 Mn_3ZnN 在 183K 附近发生了反铁磁的转变（AFM）相比[147]，$Mn_3Zn_{1-x}Co_xN$（$x=0.2$，0.4，0.5，0.7 和 0.9)由于铁磁（FM）和反铁磁成分的相互作用而显示了斜反铁磁的转变。ZFC 和 FC 曲线的不可逆性明确了 FM 成分的存在，引起了

倾斜现象。值得注意的是随着 Co 掺杂含量的增加，磁化率逐渐降低，表明 FM 相互作用的减弱和 AFM 相互作用的增强。为了进一步研究此性质，我们也进行了比热容的研究(图 66)。所有的比热容曲线在磁转变温度附近，均呈现了明显的峰，与磁化曲线结果一致。比热容曲线在~115K 附近的转变峰来源于 MnO 杂质在 115K 附近的磁转变。

为了进一步获得磁有序的本质，自旋表达式 $\chi(T)=\dfrac{C}{T-\Theta_{\mathrm{W}}}$ 用来拟合磁化率曲线的顺磁区域，其中 C 为居里常数，Θ_{W} 为外斯温度，结果如表 9 所示。对于 $x=0.2$ 和 0.4 的样品，Θ_{W} 分别为 200K 和 150K，正值表明 FM 相互作用占主要。但是 $x \geqslant 0.5$，Θ_{W} 为负值表明了 AFM 作用此时占据了主要地位。Θ_{W} 的变化表明了随着 Co 含量的增，AFM 相互作用的增强。而且，所有样品的有效磁矩均小于理论值 $4\mu_{\mathrm{B}}/\mathrm{Mn}$[157]，与巡游电子模型的的磁性质一致。如图 67(a-e) 所示，小的铁磁性成分的占有率可以用等温 M-H 曲线确定。对于 $x=0.2$，低于磁转变温度 T_{N}，磁化率不能达到饱和，但是随着磁场的增加，存在一个剩余磁化率 $0.32\mu_{\mathrm{B}}/$ f. u. 。并且随着 Co 含量的增加剩余磁化强度降低。这些特征表明了 $Mn_3Zn_{1-x}Co_xN$ 斜反铁磁的基态，当 $x>0$ 时。关于磁相互作用方式，以往的研究一致地表明，由锰原子组成的三角形晶格对磁性能有独特的影响。因此有理由相信，重要的自旋相互作用是由 Mn-Mn 原子引起的。然而，根据我们目前的实验结果，我们不能排除 Co-Co 原子之间存在交换作用的可能性，这可能会影响剩磁。进一步验证这一点需要先进的实验技术，如中子衍射。

表 9　$Mn_3Zn_{1-x}Co_xN$ 化合物居里-外斯拟合的参数

Co(x)	外斯温度/K	有效磁矩 $\mu_{\mathrm{eff}}(\mu_{\mathrm{B}})$
0.2	200	2.00
0.4	115	2.14
0.5	−22	2.76.
0.7	−220	3.41
0.9	−380	3.68

4.3.4　$Mn_3Zn_{1-x}Co_xN$ 化合物电输运性质及反常热膨胀行为研究

图 68 显示了温度范围为 5~350K 时 $Mn_3Zn_{1-x}Co_xN(x=0.2, 0.4, 0.7, 0.9)$ 的温度依赖性电阻率 $\rho(T)$。在任何研究样品中均未观察到大的磁阻行为(图 70)。当 $x=0.2$ 时，电阻率先从 300K 冷却后降低，然后在 $T_{\mathrm{N}}=175$K 时突然增加，达到最大

值，最后随着温度的进一步降低而降低。电阻率随温度变化的波动高达 20%［通过
函数$(\rho_{max}-\rho_{mim})/\rho_{mim}$评估］，远高于 Mn₃ZnN[7]。$x=0.4$ 的样品在 T_N 处也显示出突
然的电阻率变化，但在电阻率达到最大值后会有很小的下降。也就是说，对于
Mn₃Zn₁₋ₓCoₓN($x=0.2$ 和 0.4) 化合物低温下的传输行为是金属的。如图 68(c) 所示，
当 $x=0.7$ 时，$T_N=260K$ 附近的电阻率明显增加，温度降至 175K，然后电阻率缓慢
而单调地增加到最低测量温度。与 $x=0.2$ 和 0.4 相比，Mn₃Zn₀.₃Co₀.₇N 电阻率的温
度依赖性显示出类似半导体的输运行为，这可能是其能带结构变化的结果[111]。这
导致了从样品 $x=0.2$ 到 $x=0.7$ 的类似金属到半导体的变化(图 69)。

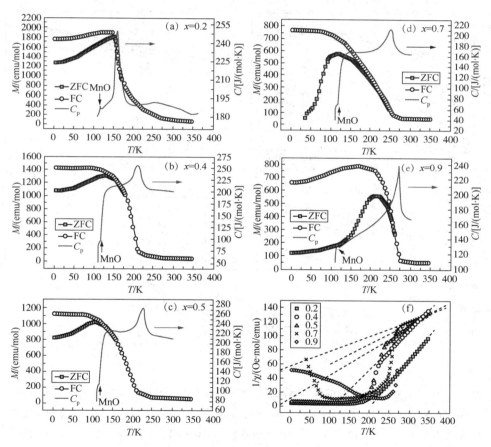

图 66　Mn₃Zn₁₋ₓCoₓN 化合物的磁化率以及比热容与温度关系曲线

(a)$x=0.2$；(b)$x=0.4$；(c)$x=0.5$；(d)$x=0.7$；(e)$x=0.9$，比热容曲线在 115K 的转变峰
来源于 MnO 杂质；(f)磁化率的倒数与温度的的关系(虚线为居里–外斯拟合)

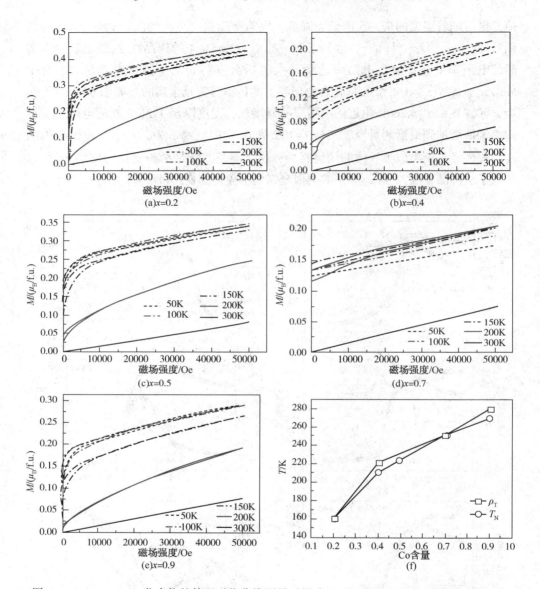

图 67　Mn₃Zn₁₋ₓCoₓN 化合物的等温磁化曲线测量过程为 0~5T 和 5~0T 在不同的测量温度从 50~300K(a)x = 0.2；(b)x = 0.4；(c)x = 0.5；(d)x = 0.7；(e)x = 0.9；(f)磁转变温度 Tₙ 和电阻率 ρ(T) 与 Co 含量的关系图测量过程在(d)图中用箭头标出。这些曲线不是典型的磁滞回线，因此，剩磁应该是正的。这些特征证明了铁磁成分的存在。一些最初的磁化曲线没有从 0 开始，是由于磁测试历史导致的。

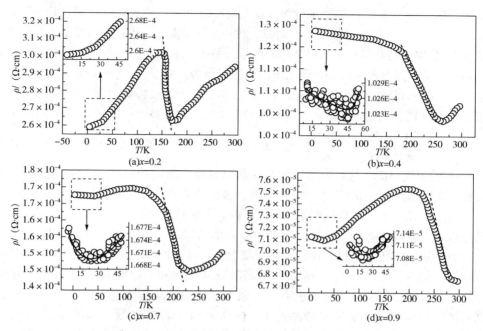

图 68　Mn₃Zn₁₋ₓCoₓN 化合物升温过程中的电阻率与温度的关系(a)x=0.2；(b)x=0.4；(c)x=0.7；(d)x=0.9 插图为低温的电阻率数据和拟合曲线(实线)(虚线为跳跃区域)

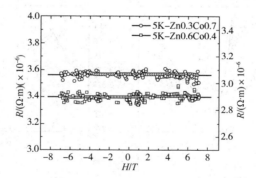

图 69　x=0.4 和 0.7 在 5K 时的磁阻曲线(没有观察到磁阻现象)

之前的研究表明，Mn₃ZnN 在低于 190K 的情况下，经历了由 AFM 相分离引起的电阻开关现象[111]。而在此项工作中，所有测试样品(从 x=0.2 到 0.9)的电输运行为在 Tₙ附近都表现出突变的电阻率跃迁，其中，x=0.9 的样品在 Tₙ=276K 的高温下表现出突变的电阻率变化。在所有情况下，突变的电阻率跃迁现象都伴随着磁有序性，这表明在 Tₙ=276K 的高温下，电输运行为发生了突变。磁性和电输运之间有很强的相关性。为了解释这种不寻常的电输运行为，利用可变温度 XRD 研究

了 $Mn_3Zn_{1-x}Co_xN$ 系列的热膨胀行为。在不同温度下采集的 XRD 数据表明，所有样品均以 Pm-3m 空间群结晶成立方晶胞，在整个测量温度范围内未观察到结构转变。对 XRD 数据的精修得到了晶格常数的温度关系图，如图 70 所示。可以看出，所有样品在其特定温度范围内都表现出负的热膨胀行为。对于样品 $x=0.2$、0.4、0.5 和 0.7，温度范围分别约为 125～180K、180～230K 和 150～240K、153～223K，热膨胀线性系数分别为 $-5.53×10^{-5}K^{-1}$、$-3.1×10^{-5}K^{-1}$、$-1.67×10^{-5}K^{-1}$ 和 $-0.68×10^{-5}K^{-1}$

[通过 $\alpha = \left(\frac{1}{a_0}\right)\left(\frac{da}{dT}\right) = \left(\frac{1}{a_0}\right)\left(\frac{\Delta a}{\Delta T}\right)$ 公式计算而得]。显然，Co 的引入有效地拓宽了 NTE 的温度范围，这是因为负的热膨胀与磁体积效应的磁相变有关，正如一些反钙钛矿体系中报道的一样[8,10,108]。基于这种晶格变化，我们可以讨论一下导致 $Mn_3Zn_{1-x}Co_xN$ 中异常电输运性质的根本原因。由磁跃迁引起的晶格参数的突变，可能导致费米能级的漂移。而通过费米能级表面的移动，费米能级附近的 DOS 会突然减少，导致传导电子的有效数量显著减少[111]。因此，在磁转变温度下，电阻率可以显著提高。此外，样品的晶粒尺寸和晶界也可能在产生电阻率异常变化中起到作用。只有样品 $x=0.7$ 的原因表明，类似半导体的输运行为也可以基于负热膨胀来解决。与图 55 所示的其他样品相比，样品 $x=0.7$ 的 NTE 线性系数较小。因此，我们认为，随着温度的变化，晶格参数的逐渐变化是产生类半导体特征的关键因素。

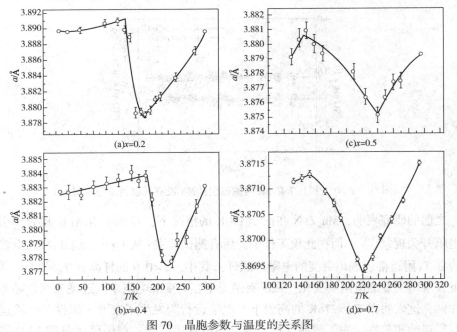

图 70　晶胞参数与温度的关系图

另一个显著特征是，在 $Mn_3Zn_{1-x}Co_xN(x=0.4，0.7，0.9)$ 样品中，电阻率最小值低于 50K，这反映了其他散射因子的参与。一般来说，除了著名的 Kodon 机制之外，还有其他可能的模型可以解释 ρ 最小值，例如电子-电子(e-e)相互作用和电子-声子(e-p)相互作用[158, 159]。在强电子相关系统中，电子相互作用在电子输运中起着重要作用。为了进行定量分析，考虑到这些最小电阻率的机理，因此采用以下方程来拟合低温电阻率数据[158-161]。

$$\rho = A + BT^{1/2} - ClnT + DT^5 \qquad (4-1)$$

其中，系数 a、b、c 和 d 分别表示剩余电阻率、电子-电子相互作用、类 Kondo 自旋散射和电子-声子相互作用的贡献。曲线与方程(4-1)很好地吻合，如图 53 的插图所示。拟合参数见表 10。与 e-p 相互作用相关的系数 D 比 B 和 C 小得多，可以忽略不计，说明电阻率最小值的行为主要由类 Kondo 散射和 e-e 相互作用决定[161]。系数 B 随 Co 浓度的增加而减小，说明 e-e 散射受到抑制。这表明，FM 状态的出现可能会限制局部自旋方向，并抑制 e-e 散射。由于类近藤散射作用较小，实验结果与拟合结果吻合较好，说明 e-e 相互作用应主要导致电阻率的最小值。尽管现象学拟合对电阻率最小值的出现给出了合理的解释，但也不能排除产生化学紊乱或缺陷等现象的其他可能性。

表 10　运用方程 3 对 $Mn_3Zn_{1-x}Co_xN(x=0.4，0.7，0.9)$ 的电阻率拟合数据

x	A	B	C	D
0.2	—	—	—	—
0.4	1.69E-4	6.69E-8	9.06E-7	9.95E-16
0.7	1.02E-4	5.41E-8	1.96E-7	1.49E-15
0.9	7.14E-5	2.31E-8	2.43E-7	1.14E-15

4.3.5　$Mn_3Zn_{1-x}Co_xN$ 化合物热学性质研究

为了进一步了解磁相变的本质，我们测量了 $Mn_3Zn_{1-x}Co_xN(x=0.2，0.4，0.5，0.7，0.9)$ 在 140~260 K 之间的比热容 C_p(图 71 所示)。$Mn_3Zn_{1-x}Co_xN$ 所有的样品在 $C_p \sim T$ 的转变温度与居里温度 T_C 基本一致(表 9)，从峰形分析可知为典型的一级相变。通过拟合转变点以上和以下温度的 C_p 曲线，然后扣除背底得到了熵(表 11)。样品的熵变均比较小，但是 Co 掺杂几乎没有改变熵的大小。

表 11　$Mn_3Zn_{1-x}Co_xN$ 化合物一级相变处的熵变 ΔS

x 值	0.2	0.4	0.5	0.7	0.9
$\Delta S(R)$	0.42	0.41	0.44	0.52	0.44

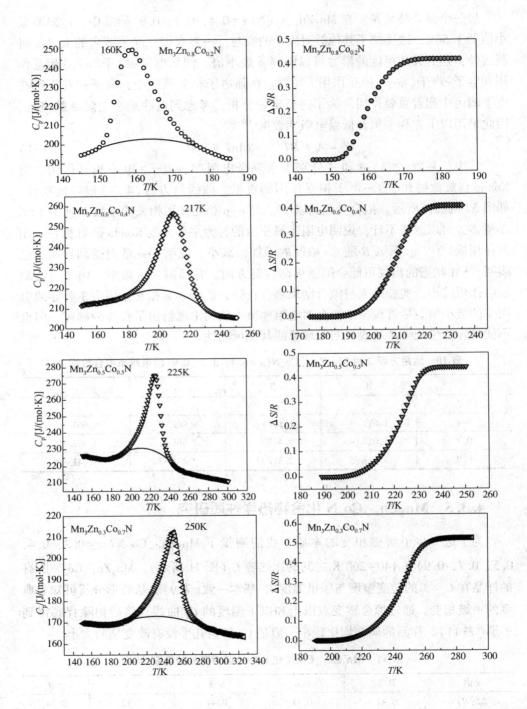

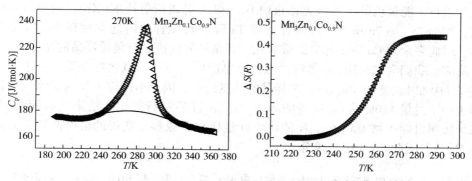

图 71 $Mn_3Zn_{1-x}Co_xN$ 化合物比热容和熵增(ΔS)与温度关系

4.3.6 小结

采用真空固相反应合成了 $Mn_3Zn_{1-x}Co_xN$($x = 0.2$，0.4，0.5，0.7，0.9)。研究了 Co 掺杂对反钙钛矿 $Mn_3Zn_{1-x}Co_xN$ 化合物的磁、热膨胀和电阻率的影响。由于在 Zn 位置掺杂 Co 元素，所有样品都表现出 AFM 和 FM 相互作用之间的竞争，这与观察到的异常电输运和负热膨胀行为有关。$Mn_3Zn_{1-x}Co_xN$($x = 0.2$，0.4，0.7，0.9)化合物在磁相变附近表现出突变的电阻率跃迁现象，这是由负热膨胀引起的费米表面位移引起的。在 $Mn_3Zn_{1-x}Co_xN$($x = 0.4$，0.7，0.9)中观察到低温下的电阻率最小值，可能是电子-电子相互作用造成的。

4.4 反钙钛矿结构 $Mn_3Co_{0.5}Mn_{0.5}N$ 化合物的制备及其巨大交换偏置场研究

4.4.1 反钙钛矿结构 $Mn_3Co_{0.5}Mn_{0.5}N$ 化合物的合成

所有的化合物均采用标准的固相合成的方法。反应物 Mn_2N 和 Co 粉末用玛瑙研钵研磨不少于 45min，然后压成片子。为防止反应过程中氧化和 N_2 的挥发形成氮化物杂质，压成的片子用 Ta 薄包覆。采用固相合成的方法分别尝试用过量的 Co(分别过量 0、40%、63%、87% 和 110%)制备 $Mn_3Mn_xCo_yN$ 化合物，并对制备的化合物分别进行了中子和 XRD 的测试分析。经过中子数据的 Rietveld 拟合发现我们获得的样品的含量最终都是 $Mn_{3.5}Co_{0.5}N$(表 12)。如图 72 ~ 图 74 所示，及表 13 结果可知，Co 分别过量 0、40%、63%、87% 和 110% 制备的 $Mn_{3.5}Co_{0.5}N$ 化合物均含有不同成分比例的 Mn_2N、MnO 和 CoO 杂质，相比较采用过量 110% 时制备的 $Mn_{3.5}Co_{0.5}N$ 样品的纯度最高，杂质含量最低。过量的 Co 除了部分的以 CoO 的形式存在之外，我们还对样品制备后的包覆样品的 Ta 薄及真空石英管的成分进行了能量色散 X 射线光谱仪(EDX) 和 X 射线衍射技术(XRD) 的分析和研究，如图 75 ~ 图 76 所示。经研究发现 Ta 薄和石英管的内壁均存在 Co_2Ta 化合物，因此多余的 Co 除了部分的被氧化，其余部分应该是与包覆样品的 Ta 薄发生了反应。我们尝试采用 Au 薄包覆的合成也产生了一定的氧化物杂质。鉴于采用过量 110% 时制备的 $Mn_{3.5}Co_{0.5}N$ 样品的纯度最高，因此本研究工作的磁测试分析均采用了过量 110% 的 Co 制备的 $Mn_{3.5}Co_{0.5}N$ 样品进行，具体结果见后面章节。如果按照目标产物 $Mn_{3.5}Co_{0.5}N$ 的化学计量比称量原料，获得的最终产物含有很多 Mn_2N，因此 Co 为限制成分。

表 12　从 NPD 中提取的在 Pm3m 空间群中 Mn^{II} 和 Co^{II} 原子在 1a(0，0，0) 位的占有率

Co 过量	Mn^{II}	Co^{II}
40%	0.52(5)	0.48(5)
87%	0.51(5)	0.49(5)
110%	0.51(5)	0.49(5)

表 13　不同过量钴制备的 $Mn_{3.5}Co_{0.5}N$ 样品的相纯度

Co 过量	$Mn_{3.5}Co_{0.5}N$	MnO	Mn_2N	CoO	方法
0	76(1)%	7.6(4)%	10.3(4)%	6(1)%	XRD
40%	94.6(1)%	2.41(3)%	2.63(5)%	0.35(8)%	NPD
63%	87(1)%	11.4(6)%	1.9(4)%	undetectable	XRD
87%	95.6(4)%	3.37(4)%	0.83(4)%	0.25(4)%	NPD
110%	95.3(2)%	3.50(3)%	0.86(5)%	0.32(4)%	NPD

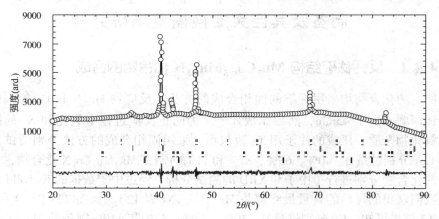

图 72　室温下观察和计算的 $Mn_3Co_{0.5}Mn_{0.5}N$ 样品(没有多余的 Co) 粉末 X 射线衍射数据
主相的反射峰用上面的竖线表示。中间的反射属于 MnO 杂质相。下面第二个显示了 Mn_2N
杂质相的贡献。最低的是 CoO 相。底线显示观察和计算模式之间的差异。

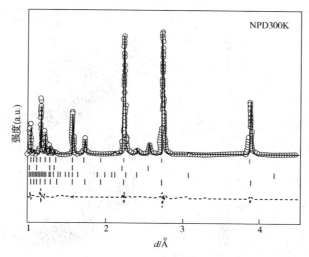

图 73　300K 下，观察和计算的 $Mn_3Co_{0.5}Mn_{0.5}N$ 样品(40%过量 Co)粉末中子衍射图

核反射峰用上面的竖线标记。中间的反射峰属于 MnO 和 Mn_2N 杂质相。

最低标记显示磁相 mGM4+。底线显示观察和计算模式之间的差异。

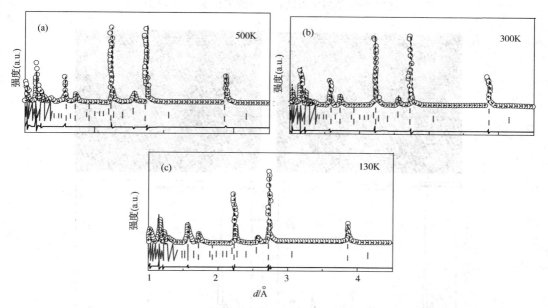

图 74　500K、300K 和 130K 温度下获得的 $Mn_3Co_{0.5}Mn_{0.5}N$(用 Co 过量 87%)

观察(圆圈)和计算的(线)的中子衍射图

中间的反射峰属于 MnO 和 Mn_2N 杂质相。最低标记显示磁相 mGM4+。

底线显示观察和计算模式之间的差异。

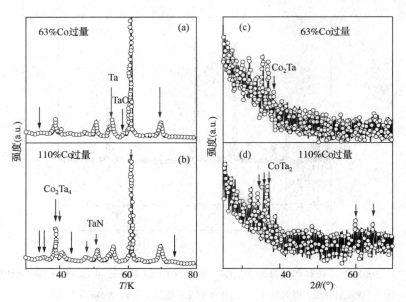

图 75　分别用过量 63%（a）和 110%（b）的 Co 制备 $Mn_3Co_{0.5}Mn_{0.5}N$ 样品时，Ta 薄的 XRD 衍射图以及石英管的 XRD 图（c）~（d）。

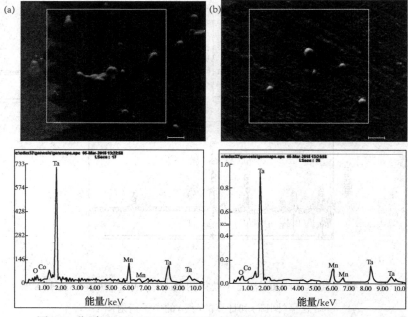

图 76　分别用过量 110%（a）和 63%（b）的 Co 制备 $Mn_3Co_{0.5}Mn_{0.5}N$ 样品时，Ta 薄的 SEM 和 EDX 图

4.4.2　反钙钛矿结构 $Mn_3Co_{0.5}Mn_{0.5}N$ 化合物的合成及晶体结构和磁结构分析

如表 12，当 Co 用量为 110% 获得的样品质量最好，在最终获得的产物中没有发现多余的 Co，但是通过运用中子衍射技术(NPD)观察到了很少的 CoO 杂质[含量大约为 0.32(4)%]，如图 77 所示。

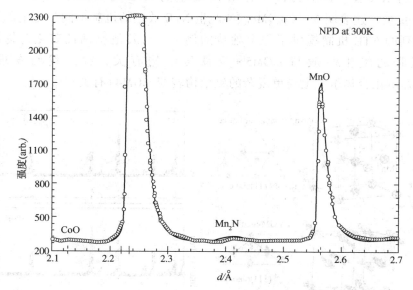

图 77　室温下，观察(黑)和计算(红)粉末中子衍射图样的 $Mn_3Co_{0.5}Mn_{0.5}N$

样品(制备超过 110% 的 Co 含量)。杂质相 MnO、Mn_2N 和 CoO

的反射特征明显。结果表明，CoO 的强反射实际上不受分辨率限制。

对制备的 $Mn_{3.5}Co_{0.5}N$ 化合物进行了中子衍射分析和 Rietveld 拟合。如图 78 所示，中子衍射数据表明反钙钛矿结构 $Mn_{3.5}Co_{0.5}N$ 晶体为立方结构，对称性为 $P\overline{m}3m$，Mn(Ⅰ)和 N 元素分别位于 3c 和 1bWyckoff 位置。然而 1a 的位置一半被 Co 占据一半被 Mn(Ⅱ)占据。因此，化学方程式应该为 $Mn_3^{I}Mn_{0.5}^{II}Co_{0.5}^{N}N$。Rietveld 精修获得的相关结果包括 Mn 和 Co 的占有率如表 14 所示。8~550K 的中子衍射数据表明，随着温度的变化没有发生对称性的变化，但是在 220~260K 时伴随着 $T_N = 256K$ 的磁转变发生了大的负热膨胀(如图 80)。

为了确定 $Mn_3Co_{0.5}Mn_{0.5}N$ 的磁结构，我们进行了对称性分析，从布里渊区点的母空间群 $P\overline{m}3m'$ 和传播矢量 k 出发，通过 ISODISTORT，得到了 mGM4+ 和 mGM5+ 两种主动磁不可约表示及其相应的子群。对对称分析得到的磁结构模型进行了里特菲尔德精细化中子数据测试。我们发现，在130K时，用 Irep-mGM4+转换的具有磁对称 R-3m' 的斜 AFM 磁结构是最好的解决方案，如图78（e）所示。磁对称 R-3m 的所谓 mGM5＋磁结构[8-10,108]，通常用来解释反钙钛矿中的 NTE 或磁体积效应，是不合适的。因为这种解决方案不允许磁 Mn^{II}/Co 在角点存在。图 79 显示了在考虑 mGM5+转换磁结构时的精确结果以及相应自旋排列的示意图。注意，T_N = 256K 时发生的 NTE 与 mGM5＋irep 无关，由 mGM4＋负责。这表明 $Mn_3Co_{0.5}Mn_{0.5}N$ 产生 NTE 效应的机制不同于之前的材料，为该系列的 NTE 机制提供了一个独特的例子。与其他反钙钛矿化合物相比，负热膨胀的发生一般与 mGM5＋反铁磁结构有关。然而我们发现，在 $Mn_{3.5}Co_{0.5}N$ 化合物事实上与更复杂的磁结构转变 mGM4+有关。

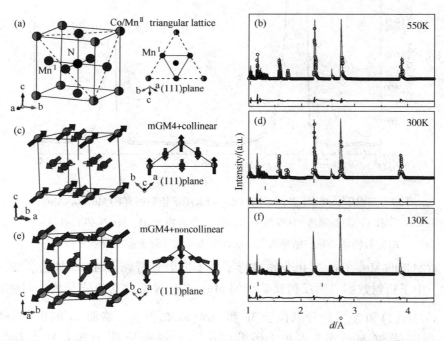

图78 （a）、（c）和（e）$Mn_{3.5}Co_{0.5}N$ 在 550K、300K 和 130K 时的晶体和磁结构；

（b、d 和 f）在 550K、300K 和 130K 下对 $Mn_{3.5}Co_{0.5}N$ 进行观测（圆圈）和计算

（线）中子粉末衍射图

杂质相 MnO[3.5(3)%]、Mn_2N[0.86(5)%] 和 CoO[0.32(4)%] 的反射峰分别在中间

标注了。最低的刻度表示磁反射。底线代表观察和计算模式之间的差异。

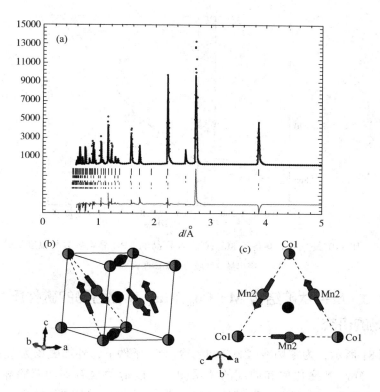

图 79 （a）采用 110% 过量的 Co 制备的 $Mn_3Co_{0.5}Mn_{0.5}N$ 化合物在 130K 条件下的
中子衍射数据图。核反射峰用最上面的线来标记，中间的反射峰属于 MnO 杂质相。
最低标记显示磁相 mGM5+。底线显示观察和计算模式之间的差异；
（b）mGM5+ irrep 磁结构的示意图

表 14 用过量 110% 的 Co 制备的 $Mn_{3.5}Co_{0.5}N$ 样品的结构参数，
精修数据来源于 500K 条件下收集的种子衍射数据，空间群为 $Pm\bar{3}m$

原子	x	y	z	$B/Å^2$	Occupancy
Mn/Co	0	0	0	1.3(3)	0.51(5)/0.49(5)
Mn	0	0.5	0.5	1.10(6)	3.0
N	0.5	0.5	0.5	0.68(6)	1.0

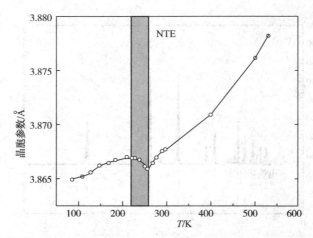

图 80　用 110% 过量 Co 制备的 $Mn_{3.5}Co_{0.5}N$ 样品的 NPD 晶胞参数与温度依赖关系
（突出显示区域为负热膨胀区域）

4.4.3　反钙钛矿结构 $Mn_3Co_{0.5}Mn_{0.5}N$ 化合物的磁性质及巨大交换偏置场的研究

如图 81 所示，为零场冷（ZFC）和场冷（FC）条件下，外加磁场为 0.1T 下测量的 $Mn_3Co_{0.5}Mn_{0.5}N$ 磁化率和温度的关系图。可以清楚地看到两个磁相变：冷却后，它首先在 T_C = 400K（由我们的温度依赖中子衍射确定）处经历一个亚铁磁（FIM）转变，然后在 T_N = 256K 处发生一个反铁磁（AFM）转变。低于 T_N 温度时，AFC 和 FC 曲线之间的不可逆性反映出弱 FM 的存在。比热容从 2~300K 的组分进一步支持在 256K 下存在 AFM 转变[图 81（b）]。热容量为 115K 时的尖峰是由于少量 MnO 杂质的存在。

在 ZFC 条件下，在 5~300K 的温度范围内测量了 $Mn_3Co_{0.5}Mn_{0.5}N$ 的磁滞回线，特别注意的是消除了 400K 下 SQUID 的任何小俘获磁场。图 82 所示为测量范围为 −7T 和 7T，测量记录为：0→7T→0→−7T→0→7T。磁滞回线在 T_N 以下测得，如图 82（a）所示，显示了 ZFC 条件下发生了大的水平和垂直位移。特别地，这些偏移使得滞后环在 50K 时不对称，产生了巨大的交换偏置场（EB）0.28T。H_{EB} 和垂直磁化偏移 M_{shift}（VMS）分别定义为 $H_{EB} = (H_L + H_R)/2$ 和 $M. = (M^+ + M^-)/2$，其中 H_L 和 H_R 是左和右矫顽场，并且 M^+ 和 M^- 是最大的正和负磁化强度[162][参见图 83（c）]中的标记。图 82 中（b 和 c）显示了 H_{EB} 和 M_{shift} 的温度演变，表明大的 M_{shift} 的总是伴随着大的负 H_{EB}。注意，大的交换偏置场出现在 T_N 附近，排除了少量杂质相 CoO（AFM 低于 290K）和 MnO（AFM 低于 115K）的贡献。在 ZFC 条件下，对 5K 下的 ZFC 磁滞回线进行多次重复测量时，从 50K 下降到 5KEB 总是出现了小的下降。

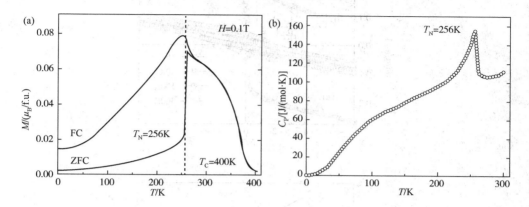

图 81　图 4 (a)在 0.1T 条件下，2~400K 温度范围内，用 ZFC 和 FC 条件测定
$Mn_{3.5}Co_{0.5}N$ 的磁化强度与温度依赖关系；(b)在 5~300K 温度范围内，
$Mn_{3.5}Co_{0.5}N$ 的比热容。在 115K 的一个非常小的转变是 MnO 杂质的贡献

图 82 显示了在场冷条件下测量的磁滞回线，以及 H_{EB} 和 M_{Shift} 的场和温度依赖性。我们可以立即看到，强大的电子束效应只发生在 250K 以下，同样排除了杂质相 CoO 和 MnO 的影响。根据 ZFC 的测量，后两个量是严格相关的：当 VMS 在 200K 时从 7.5% 变为 50K 时的 23%，H_{EB} 的绝对值通常从 0.22T 上升到 1T。H_{EB} 的最大值为 1.2T，是在 5K 且仅 0.1T 的冷却场下获得的。为了进一步研究巨大的 EB 效应，我们研究了磁场范围为 0.005~5T 内，它和冷却场的依赖关系。（在较高磁场下获得的结果如图 85~图 88 所示）。很明显，随着冷却场（H_{CF}）的增加，H_{EB} 的值迅速增加，并在 $H_{CF}=500Oe$ 以上达到饱和 1.2T[见图 82(d) 和图 84]。M_{shift} 在 0.1T 的冷却场下迅速增加并达到最大值[见图 82(b)]。这一特性使 $Mn_3Co_{0.5}Mn_{0.5}N$ 明显不同于之前有过报道的磁性相分离氧化物和超自旋玻璃态或团簇态玻璃状合金，在这些化合物中，H_{EB} 通常在高冷却场下迅速衰变，即轻微的环效应[163]。

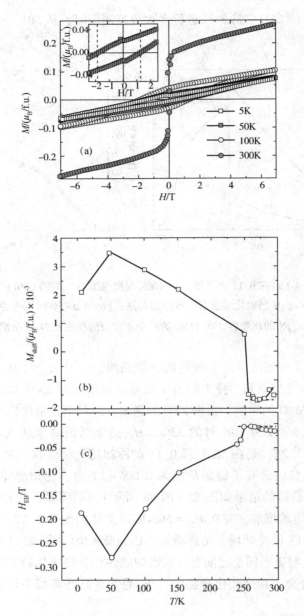

图 82　(a)在 ZFC 条件下，在不同温度下，$Mn_{3.5}Co_{0.5}N$ 的磁滞回线。
插图显示了在 ZFC 条件下，在 50K 下的磁滞回线；(b)和(c)ZFC 条件下
H_{EB} 和 M_{shift} 与温度的关系

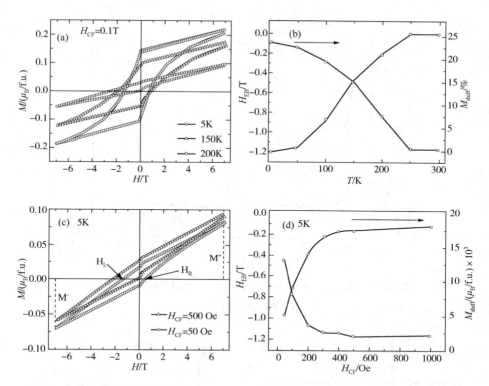

图 83　（a）在 0.1T 的冷却场下，$Mn_{3.5}Co_{0.5}N$ 不同温度下的磁滞回线；（b）在 0.1T 的
冷却场下，H_{EB} 和 M_{shift} 与温度的关系；（c）在 50Oe 和 500Oe 的冷却场下，
$Mn_{3.5}Co_{0.5}N$ 在 5K 时的磁滞回线；（d）5K 时 H_{EB} 和 M_{Shift} 与冷却场依赖性

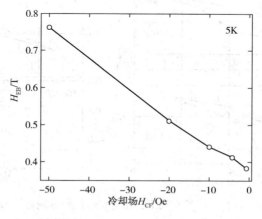

图 84　在 5K 下，$Mn_{3.5}Co_{0.5}N$ 样品（用 110% 过量的 Co 制备）
的 H_{EB} 和较小冷却场的关系

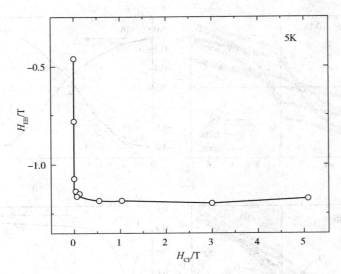

图 85　在 5K 下，$Mn_{3.5}Co_{0.5}N$ 样品（用 110% 过量的 Co 制备）的
H_{EB} 和冷却场的关系

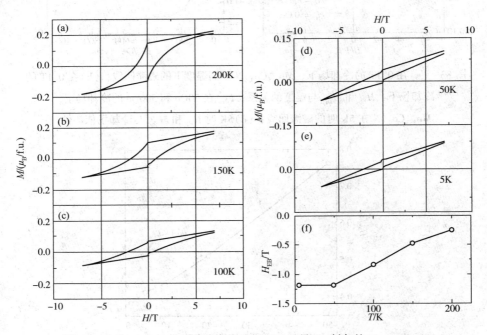

图 86　（a）~（e）在 1T 冷却场下，用 110% 过量 Co 制备的 $Mn_{3.5}Co_{0.5}N$
在不同温度下的磁滞回线，以及 H_{EB} 与温度的关系

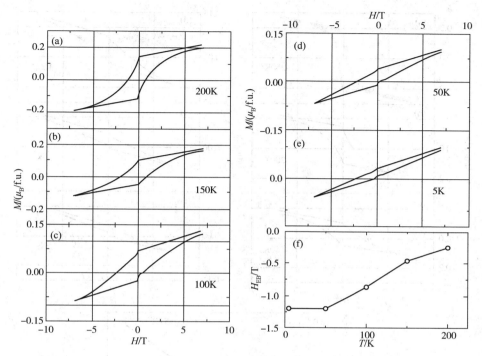

图 87 （a）~（e）在 3T 冷却场下，用 110% 过量 Co 制备的 $Mn_{3.5}Co_{0.5}N$
在不同温度下的磁滞回线，以及 H_{EB} 与温度的关系

众所周知，交换偏压材料的一个有趣特征是所谓的训练效应，它描述了交换
偏压场的大小随着循环指数 n 的增加单调下降。图 89 显示了 $Mn_{3.5}Co_{0.5}N$ 在 5K
和 150K 温度下的训练效应，测量条件为外加磁场为 1T 的 FC 过程，$N = 10$。在
两种温度下，第一和第二循环的 H_{EB} 降低明显（在 5K 时，H_{EB} 降低 19%），而从第
二到第十个循环 H_{EB} 减小不明显，而且逐渐降低。这种松弛特征在图 82（b）和
（d）中更为明显，图 89（b）和（d）显示 H_{EB} 是循环指数 N 的函数。H_{EB} 随 $n(N>1)$
的函数减少遵循规律：

$$H_{EB} - H_{EB}^{\infty} \propto \frac{1}{\sqrt{N}} \tag{4-2}$$

其中 H_{EB}^{∞} 为无线循环的交换偏置场。规律拟合产生于 5K 和 150K 下 $H_{EB}^{\infty} =$
-0.93T 和 -0.18T。

我们的中子衍射数据与磁化率和比热容结果一致，表明在相关临界温度 T_C
和 T_N 以下，开始了长程有序。低于 400K 时，100 和 110 的反射峰增强，然而中
子衍射在低于 260K 表明 110 和 210 的反射峰增强。这两组的磁反射可以用传播

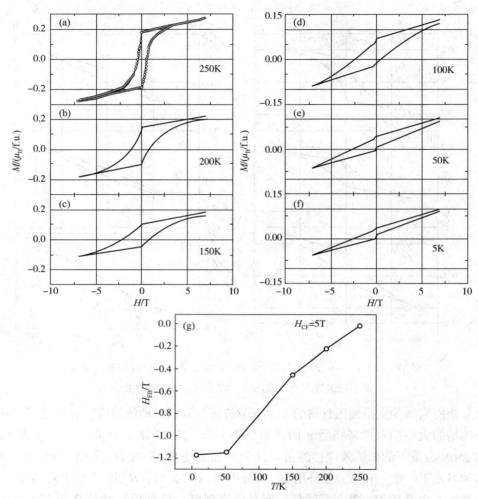

图 88　（a）~（f）在 5T 冷却场下，用 110% 过量 Co 制备的 Mn₃.₅Co₀.₅N

在不同温度下的磁滞回线，以及 H_{EB} 与温度的关系（g）

矢量 k＝0 来表示。对于两个磁相，用 mGM4+ 不可约表示所描述的模型获得最佳拟合[155,156,164]。中子数据精修图和相关的磁结构如图 79 所示。300K 时，线性的磁结构由沿易轴方向的［111］方向的铁磁排列的 Mn^Ⅱ/Co 自旋［1.20（2）μ_B］和反平行的 Mn^Ⅰ 自旋［1.15（5）μ_B］组成，从而产生 0.75μ_B 的净磁矩。事实上，这种磁结构与母体化合物 Mn₄N 相同[165]。相比之下，130K 处的磁结构更为复杂，因为它是 Mn^Ⅰ 自旋的倾斜非线性 AFM 子晶格排列的特征，部分由铁磁有序 Mn^Ⅱ 补偿［图 78（e）］。对于 Mn^Ⅰ 和 Mn^Ⅱ，130K 下的精修磁矩分别为 1.70（6）μ_B 和 4.4（1）μ_B。

106

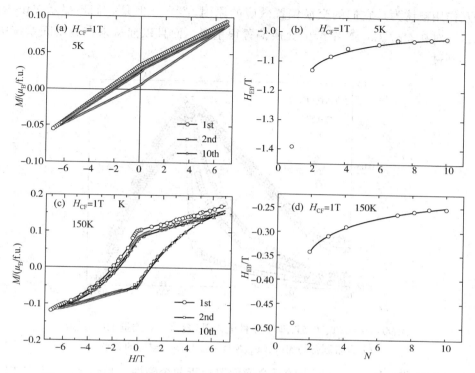

图 89　Mn$_{3.5}$Co$_{0.5}$N 的训练效应。外加磁场为 1T 场冷下连续的磁滞后环 5K

（a）和 150K(c)H_{EB} 与循环次数 N 的关系，温度分布为 5K(b)和 150K(d)

实线为 N>1 时运用方程 1 最好的拟合结果。

4.4.4　结果与讨论

　　交换偏置场的异质结模型一般采用非补偿 AFM 自旋通过交换耦合作用钉扎在 FM 界面，显然不适用于 Mn$_{3.5}$Co$_{0.5}$N。交换偏置效应在一些合金和金属间化合物中，以前曾用磁性相分离或者自旋玻璃来解释诸如 Fe$_2$MnGa、Mn$_2$FeGa 和 Mn$_{50}$Ni$_{42}$Sn$_8$ 等材料[166-168]。如上所述，这些系统中的一个常见现象在 Mn$_{3.5}$Co$_{0.5}$N 中不存在，Mn$_{3.5}$Co$_{0.5}$N 是较小的环路效应。这意味着出现了与先前研究的系统不同的机制。也应排除 Heusler-Mn－Pt－Ga 系统中的 FM 团聚机制，因为我们没有观察到 ZFC 和 FC M(t)曲线之间随着场的增大而发生的不可逆性的任何明显变化（如图 90 所示），或任何中子数据中的扩散散射贡献表明，在 FM 团聚或自旋玻璃行为的情况下，短程有序[169]。最近在 YMn$_{12-x}$Fe$_x$ 和 YbFe$_2$O$_4$ 中观察到类似的冷却场依赖性行为，在 YMn$_{12-x}$Fe$_x$ 和 YbFe$_2$O$_4$ 中，FM 和 AFM 子晶格之间的全局相互作用被认为是它们的交换偏置效应的原因[170,171]。但是它们不显示 VMS 效应，这对在 $Mn_{3.5}Co_{0.5}N$ 中产生交换偏置很重要，而且以前从未在金属间系统中观察到过。

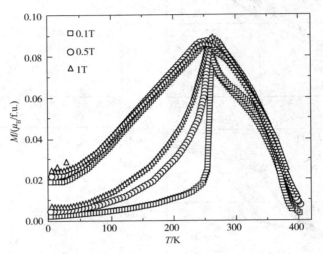

图 90　在 0.1T、0.5T 和 1T 条件下，用 ZFC 和 FC 测量 110% 过量
Co 含量制备的 $Mn_{3.5}Co_{0.5}N$ 样品磁化率与温度的关系

我们认为，$Mn_{3.5}Co_{0.5}N$ 中的巨交换偏置源于两个磁性子晶格之间的整体相互作用，而不是界面交换耦合。建立一个定性的模型，考虑到磁结构是有指导意义的。如图 78(e) 所示，低温下 $Mn_{3.5}Co_{0.5}N$ 的磁结构可以看作是两个磁性子晶格：一个具有 FM 排列，另一个具有倾斜的 AFM 结构（产生 FM 成分与 FM 子晶格反平行）。因此，这种结构类似于由 FM/AFM 异质结构引起的界面，但具有较小的净磁矩。在这个结构中，与 FM 子晶格各向异性和两个子晶格之间的交换耦合相比，AFM 子晶格的磁各向异性应占主导地位。因此，当在外部磁场中冷却时，FM 自旋根据外部磁场而旋转，而 AFM 自旋则保持在原始结构。然而，斜 AFM 子晶格产生一个施加在 FM 子晶格上的非零磁场，导致 FM 自旋的不完全反转。在传统的交换偏置模型中，这个小的净磁矩将起到钉扎自旋的作用，并会引起垂直偏移和交换偏置效应[162]。这也可以解释为什么只有一个相对较小的冷却场足以大幅增加交换偏置。

Co 在晶格 Mn_3AX（其中 A 被非磁性原子或 Mn 占据）顶点处的取代作用可以通过比较 $Mn_{3.5}Co_{0.5}N$ 与其他反钙钛矿系统来获得[8-10,108]。Co 的活性贡献是双重的：首先，顶点处的磁离子稳定了在 T_C 温度以下观察到的共线 FEM 结构，在 Mn_4N 母相化合物中也有报道；第二，Co 的独特作用是减少两个子晶格之间的交换相互作用，并允许第二个 AFM 的磁结构与 mGM4+非线性磁性结构的相互作用。这些简单的观察结果对室温下的反钙钛矿材料的巨交换偏置效应的设计提出了新的见解。探索这一概念的一种有希望的方法是用铁和镍等元素或其他非磁性元素代替 $Mn_4N(T_N=745K)$ 中的 Mn^{II}，以减少两者之间的交换相互作用[165]。考虑到技术应用，我们的工作还提供了一个很有希望的机会，可以在一个单一的薄膜($Mn_{3.5}Co_{0.5}N$)中实现巨大的交换偏压，而不是传统的复杂异质结构，避免了制备高质量界面的复杂性和困难。目前此项工作正在进行中。

4.4.5　小结

采用固相合成的方法获得了较纯的 $Mn_{3.5}Co_{0.5}N$ 化合物。低于 $T_N=256K$ 时，外加 $500Oe$ 的磁场，场冷外加的条件下获得了 $-1.2T$ 的交换偏置场，零场冷条件下获得了 $-0.28T$ 的交换偏置场。采用中子衍射技术发现 $Mn_{3.5}Co_{0.5}N$ 化合物首先在 $T_C=400K$ 时经历了亚铁磁转变，然后在 256K 时发生具有非线性自旋排列的反铁磁相的转变，即 mGM4+相。由于两磁子格相互作用引起的交换偏置效应和反常热膨胀行为都应该归因于这一个非线性自旋排列的反铁磁相。磁相的垂直偏移与交换偏压之间的强相关性为单相材料中产生交换偏压提供了一种独特的方法。这些发现为开发先进的磁性材料和器件提供了新的途径。

4.5　本 章 小 结

采用固相合成的方法获得了 $Mn_3Zn_{1-x}Co_xN$($x=0.2$，0.4，0.5，0.7，0.9)和 $Mn_{3.5}Co_{0.5}N$ 化合物。随着温度升高，Mn_3ZnN 在 185K 时发生了反铁磁－顺磁转变，电阻率和晶格均在此处发生了反常的变化。我们尝试在 Zn 位置掺杂了不同含量的磁性元素 Co，并发现 Co 元素的掺杂对材料的晶格、磁和电输运性质具有明显的影响。另外，在 $Mn_{3.5}Co_{0.5}N$ 化合物中发现了巨交换偏置效应，通过对晶体和磁结构的精修分析，深入地研究了巨交换偏置的原因，具体结论如下

① 与母相 Mn_3ZnN 在 183K 附近发生了反铁磁的转变(AFM)相比，$Mn_3Zn_{1-x}Co_xN$($x=0.2$，0.4，0.5，0.7 和 0.9)由于铁磁(FM)和反铁磁的相互作用而显示了斜反铁磁的转变。ZFC 和 FC 曲线的不可逆性明确了 FM 成分的存在，引起了倾斜现象。并且随着 Co 掺杂含量的增加，铁磁相互作用逐渐减弱和反铁磁相互作用逐渐增强。

② $Mn_3Zn_{0.8}Co_{0.2}N$ 和 $Mn_3Zn_{0.6}Co_{0.4}N$ 的化合物低温下的电传输行为表现为金

属。而 $Mn_3Zn_{0.3}Co_{0.7}N$ 电阻率的温度依赖性显示出类似半导体的输运行为，这可能是随着 Co 含量的增加，其能带结构变化的结果。

③ $Mn_3Zn_{1-x}Co_xN$（$x＝0.2$，0.4，0.7，0.9）的电输运行为在磁转变温度 T_N 附近都表现出突变的电阻率跃迁。Co 的引入有效地拓宽了 NTE 的温度范围，这是因为负的热膨胀与磁体积效应的磁相变有关，正如一些反钙钛矿体系中报道的一样。由磁跃迁引起的晶格参数的突变，可能导致费米能级的漂移。而通过费米能级表面的移动，费米能级附近的 DOS 会突然减少，导致传导电子的有效数量显著减少。因此，在磁转变温度下，电阻率可以显著提高。此外，样品的晶粒尺寸和晶界也可能在产生电阻率异常变化中起到作用。

④ 采用固相合成的方法分别尝试用过量的 Co（分别过量 0、40%、63%、87% 和 110%）制备 $Mn_3Mn_xCo_yN$ 化合物，经过中子数据的 Rietveld 拟合发现我们获得的样品的含量最终都是 $Mn_{3.5}Co_{0.5}N$。用过量 110% 时制备的 $Mn_{3.5}Co_{0.5}N$ 样品的纯度最高，杂质含量最低。

⑤ 用 110% 过量 Co 制备的 $Mn_{3.5}Co_{0.5}N$ 样品在反铁磁转变温度 $T_N＝256K$ 产生了负热膨胀的现象，经过对称性分析和里特菲尔德精细化中子数据测试发现在 $Mn_{3.5}Co_{0.5}N$ 化合物中，负热膨胀与 mGM5+irep 无关，是由 mGM4+ 产生的。表明 $Mn_3Co_{0.5}Mn_{0.5}N$ 产生 NTE 效应的机制不同于之前的材料（其他反钙钛矿化合物负热膨胀的发生一般与 mGM5+反铁磁结构有关），为该系列的负热膨胀机制提供了一个独特的例子。

⑥ $Mn_{3.5}Co_{0.5}N$ 在低于 $T_N＝256K$ 时，外加 5000e 的磁场，场冷外加的条件下获得了 −1.2T 的交换偏置场，零场冷条件下获得了 −0.28T 的交换偏置场。低温下 $Mn_{3.5}Co_{0.5}N$ 的磁结构可以看作是两个磁性子晶格：一个具有 FM 排列，另一个具有倾斜的 AFM 结构（产生 FM 成分与 FM 子晶格反平行，即 mGM4+），在这个结构中 AFM 子晶格的磁各向异性应占主导地位。$Mn_{3.5}Co_{0.5}N$ 中的巨交换偏置源于两个磁性子晶格之间的整体相互作用，而不是界面交换耦合。

⑦ 研究了 Co 在晶格 Mn_3AX（其中 A 被非磁性原子或 Mn 占据）顶点处的取代作用。首先，顶点处的磁离子稳定了在 T_C 温度以下观察到的共线 FEM 结构；第二，Co 的独特作用是减少两个子晶格之间的交换相互作用，并允许第二个 AFM 的磁结构与 mGM4+非线性磁性结构的相互作用。

第5章 Mn₃Ag(Ni，Co)ₓN 化合物晶格及磁、电输运性质的研究

5.1 引　言

Mn₃AgN 化合物的电阻率曲线在较低温度时呈金属的特性，但是在顺磁状态下达到最大值，而且电阻温度系数为负值。当用 Cu 元素部分地取代 Ag 时，电阻率的峰值温度正好调整到室温范围内，而且在很广的温度范围内电阻温度系数为 $10^{-6}K^{-1}$[172]。另外，Mn₃AgN 在低于 55K 时磁结构为 Γ_{4g} 和 Γ_{5g} 两种反铁磁结构共同存在，在 55~290K 温度范围内 Mn₃AgN 化合物为三角反铁磁 Γ_{5g} 单独存在[4]。随着温度的降低，55K 为反铁磁到亚铁磁的转变。目前对 Mn₃AgN 化合物的研究并不多，仅限于 Mn₃AgN 母体和非磁性元素 Cu 的掺杂，在元素周期表位置中 Ni 和 Co 元素与 Cu 元素位置十分相近，并且 Mn₃NiN 化合物本身就具有近零电阻温度系数和负热膨胀效应[69]，而 Co 元素的掺杂能调理 CuNMn₃₋ₓCoₓ 化合物的电阻温度系数[99]。因此选择 Ni 和 Co 两种磁性元素对 Mn₃AgN 化合物进行掺杂，对其晶格变化、磁、电及热输运性质进行了系列研究。

5.2 Mn₃Ag(Ni，Co)ₓN 化合物的合成、结构与性能表征

多晶样品 Mn₃Ag(Ni，Co)ₓN 是用固相合成的方法制备的。按化学配比，称取一定量的氮化锰(Mn₂N)和金属粉末 Ag、Ni 和 Co 等，分别将其在玛瑙研钵中混合均匀，研磨 1h 以上，然后使用压片机对粉末施以 20MPa 的压力，将粉末压成片状后用钽薄包裹，然后装入石英管中并同时迅速接上抽真空系统，抽真空至 $10^{-5}Pa$，然后封闭石英管，2h 内升温至 800℃。在此温度下保温 80h，关闭电源，随炉冷却至室温，取出样品，即可得到 Mn₃Ag(Ni，Co)N 样品。

采用 X 射线衍射（Cu Kα 射线源，波长为 1.5406Å，管压 40kV，管流

40mA) 对 $Mn_3Ag(Ni，Co)_xN$ 进行物相及晶体结构分析，并利用 PowderX 软件处理实验数据及计算晶格常数。热膨胀系数采用变温 X' Pert PRO MPD 仪的 XRD 结果来进行计算。首先得到不同温度下的 XRD 衍射谱，然后用 Fullprof 软件计算出各个温度下的晶胞常数，最后根据膨胀系数的计算公式来计算出热膨胀系数。做变温 XRD 测试时，样品以 10K/min 的速率升高到测试温度，然后保温 10min之后进行数据的采集。采用扫描电子显微镜技术(SEM)和 X 射线能谱仪(EDS)材料微观结果和元素的分布均匀性进行了分析。磁化强度曲线(零场冷和场冷)的测量采用了法国国家科学研究院(CNRS)奈尔研究所(Institut Neél)超导量子干涉仪(SQUID) 磁强计(Quantum Design MPMS-XL)。电阻率随温度变化曲线采用中科学院物理研究所的物性测量系统(PPMS)。热分析采用差示扫描量热仪(DSC)。

5.3 $Mn_3Ag_{1-x}Ni_xN$ 化合物晶体结构与物性研究

5.3.1 $Mn_3Ag_{1-x}Ni_xN$ 化合物晶体结构

$Mn_3Ag_{1-x}Ni_xN(x=0，0.2，0.5，0.8，)$指标化的室温 X 射线衍射图(XRD)如图 91(a)所示。与标准的 PDF 卡片衍射峰相对应，所有衍射峰均为反钙钛矿结构的衍射峰，没有氧化物、氮化物衍射峰或其他衍射峰出现。由于 Ni 的原子半径小于 Ag 的原子半径，所以随着 Ni 含量的增加，晶胞参数线性的减小，如图 91(b)。间接证明了实现了对 Ni 的掺杂。

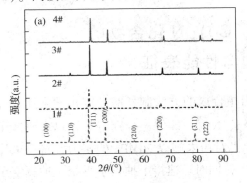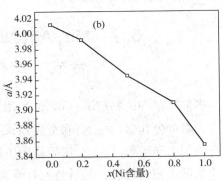

图 91　(a)$Mn_3AgN(1\#)$，$Mn_3Ag_{0.8}Ni_{0.2}N(2\#)$，$Mn_3Ag_{0.5}Ni_{0.5}N(3\#)$，$Mn_3Ag_{0.2}Ni_{0.8}N(4\#)$

室温 XRD 图谱；(b)晶胞参数随 Ag 含量 x 的变化 $Mn_3Ag_{1-x}Ni_xN$

$(x=0，0.2，0.5，0.8 和 1^{[69]})$

5.3.2　Mn$_3$Ag$_{1-x}$Ni$_x$N 化合物磁性质研究

Mn$_3$Ag$_{1-x}$Ni$_x$N 化合物磁化强度与温度的关系如图 92 所示。从 $M(T)$ 曲线的分析结果来看，Mn$_3$AgN 为反铁磁转变，当掺杂 20% 的 Ni 时，化合物变为反铁磁转变。但是有趣的是，随着 Ni 含量的增加，逐渐出现了两个磁转变。以 Mn$_3$Ni$_{0.8}$Ag$_{0.2}$N 样品为例，Mn$_3$Ag$_{0.2}$Ni$_{0.8}$N 的 $M(T)$ 曲线随着温度的降低有两个转变，一个在 280K 左右为反铁磁有序转变，另外一个在 90K 左右(为磁有序的再取向)。

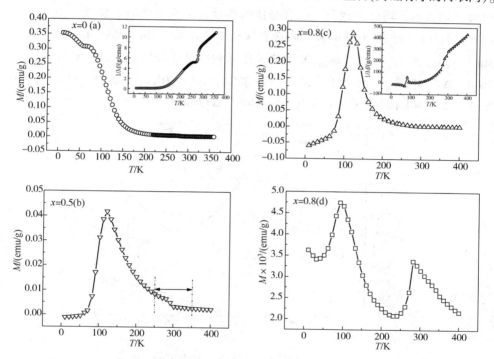

图 92　Mn$_3$Ag$_{1-x}$Ni$_x$N($x=0$ (a)，0.2(b)，0.5(c)，0.8(d))化合物磁化强度
与温度的关系曲线，插图为磁化强度的倒数与温度的关系

但是从图 92(a)和(b) Mn$_3$AgN 和 Mn$_3$Ag$_{0.8}$Ni$_{0.2}$N 的 $1/M-T$ 图可以看出在室温附近斜率的变化，这表明，实际上，当 $x=0$ 和 $x=0.2$ 时，高温处也存在磁转变，只是转变不太明显。通过文献[4]我们可以推测，低温的磁转变应该归因于自旋再取向。自旋再取向现象经常在 Mn$_3$XN(X = Ag，Ni，Sn 等)化合物中看到[4,15,173]。D. Fruchart 等报道 160～266K 之间 Mn$_3$NiN 的磁结构和低于 55K 的 Mn$_3$AgN 磁结构均为 Γ_{4g} 和 Γ_{5g} 两种反铁磁结构共存。但是低于 160K 时 Mn$_3$NiN 和在 55～290K

温区 Mn_3AgN 化合物均为三角反铁磁 Γ_{5g} 相单独存在。也就是说，三角反铁磁结构的基础是的 Γ_{4g} 和 Γ_{5g}，或者他们共同存在，即三角磁矩在（111）晶面的翻转。随着温度的升高，发生翻转，轴也发生变化，但是磁矩大小和晶格没有变化，然后就发生了自旋再取向。所以磁化强度在低温的峰是由不同的反铁磁结构的转变造成的。

5.3.3　$Mn_3Ag_{1-x}Ni_xN$ 化合物的热膨胀性质研究

图 93 为 $Mn_3Ag_{1-x}Ni_xN(x=0，0.2，0.5$ 和 $0.8)$ 晶胞参数随温度变化的关系图。XRD 图谱显示，随温度变化，仅有峰位的移动，未发生峰的劈裂或产生新的峰。因此该系列材料在整个测量温区内一直保持立方结构。Mn_3AgN，$Mn_3Ag_{0.8}Ni_{0.2}N$，$Mn_3Ni_{0.5}Ag_{0.5}N$ 和 $Mn_3Ag_{0.2}Ni_{0.8}N$ 的热膨胀系数（CTE）分别为 $-1.4\times10^{-5}K^{-1}（240\sim280K$，$\Delta T=40K）$，$-1.4\times10^{-5}K^{-1}（260\sim320K$，$\Delta T=60K）$，$-2.3\times10^{-5}K^{-1}（250\sim290K$，$\Delta T=40K）$ 和 $-2.6\times10^{-5}K^{-1}（240\sim280K$，$\Delta T=40K）$。

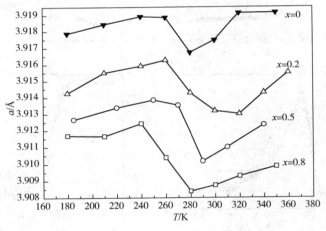

图 93　$Mn_3Ag_{1-x}Ni_xN$ 晶胞参数随温度的变化

5.3.4　$Mn_3Ag_{1-x}Ni_xN$ 化合物的电输运性质研究

图 94 为 $Mn_3Ag_{1-x}Ni_xN$ 化合物无外加磁场条件下测得的电阻率与温度的关系曲线 $\rho(T)$。低于奈尔温度，$Mn_3Ag_{1-x}Ni_xN$ 化合物的 $\rho(T)$ 随着温度的升高逐渐变大，呈金属型行为。如图 95 所示，为低温阶段(10~90K)电阻率与温度的平方的拟合曲线 $\rho(T)=\rho_0+AT^2$，ρ_0 为剩余电阻率，A 为 T^2 的系数。那么也就是说，费米液体模型的电子-电子散射机制占了主导作用[174]。但是在高温阶段 90K 到奈

尔温度处，通过线性拟合可知所有的 $\rho(T)$ 曲线与温度成线性关系（图 95 中的插图）。这一现象是由电子-声子散射造成的。在这个温度区间，声子散射随着温度的升高而变大，因此，声子散射加强超过了电子-电子散射。

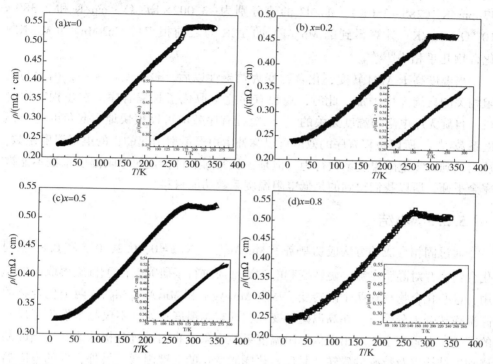

图 94　$Mn_3Ag_{1-x}Ni_xN[x=0(a)，0.2(b)，0.5(c)，0.8(d)]$ 化合物电阻率与温度的关系曲线

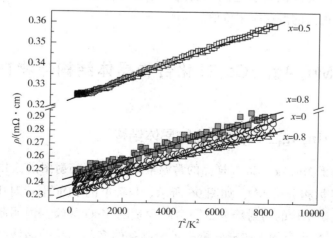

图 95　$Mn_3Ag_{1-x}Ni_xN$ 化合物低温电阻率与温度平方的关系

温度高于反铁磁到顺磁的转变时，电阻率几乎不随温度的变化而变化。运用电阻率计算公式 $\rho_0^{-1}d\rho/dT$，ρ_0 为室温电阻率，得到的 $Mn_3Ag_{0.8}Ni_{0.2}N$ 和 Mn_3AgN 的平均的电阻温度系数（TCR）分别为 $68ppm/K^{-1}$（$290\sim350K$）和 $47ppm/K^{-1}$（$285\sim350K$）。$d\rho/dT$ 的值分别为 $-3.002\times10^{-8}\Omega\cdot cm/K$ 和 $2.389\times10^{-8}\Omega\cdot cm/K$。计算得到的 Mn_3AgN 的 TCR 与之前报道的 $CuNMn_3$ 和 Mn_3NiN 化合物几乎相当[13,69]。

当温度高于 AFM 转变，化合物变为顺磁性以后，磁矩变得无序，因此与电阻相关的自旋无序增加。此时，短程有序完全取代了长程有序。在短程有序阶段，自旋无序电阻与温度无关的[175]。短程有序效应可以很快地引起负的电阻温度系数[176]。所以短程有序的效应可以弥补由声子散射引起的正的电阻温度系数，从而达到近零电阻温度系数行为。但是，从实际上讲，正的电阻温度系数不能被完全平衡，所以我们得到的是低电阻温度系数功能材料。

5.3.5 小结

通过固相合成的方法成功制备了 $Mn_3Ag_{1-x}Ni_xN$（$x=0$，0.2，0.5 和 0.8）系列化合物。并对晶胞参数、磁转变和电输运性质进行了研究。由于自旋再取向的作用，这些化合物存在两个磁转变。尽管 Mn_3AgN 和 $Mn_3Ag_{0.8}Ni_{0.2}N$ 两个化合物的高温磁转变十分明显。在高温磁转变处，即奈尔温度点处，不仅晶胞发生了反常的变化，电阻率也表现出了低电阻温度系数现象。我们通过分析认为，适当的晶格和磁结构以及特殊的磁转变是反常热膨胀变化的关键因素，另外，低的电阻温度系数是由自旋无序散射引起的。而且这个低电阻温度系数行为发生在室温附近，因此具有很大的潜在应用价值。

5.4 $Mn_3Ag_{1-x}Co_xN$ 化合物晶体结构与物性研究

5.4.1 $Mn_3Ag_{1-x}Co_xN$ 化合物晶体结构

首先测量了 $Mn_3Ag_{1-x}Co_xN$ 样品的常温常压的 XRD 衍射图谱，并运用 Fullprof 软件采进行了物相分析[153]，如图 96 所示。与标准的 PDF 卡片对比，所有衍射峰除了反钙钛矿结构的衍射峰外，还含有少量的 MnO 的峰，说明制备出了较纯的 $Mn_3Ag_{1-x}Co_xN$ 化合物。初步分析显示所制备的多晶样品的晶体结构均为简单立方结构，空间群为 Pm$\bar{3}$m。N、Ag/Co 和 Mn 元素的位置分别为 1a（0，0，0），1b（1/2，1/2，1/2）和 3d（1/2，0，0）。

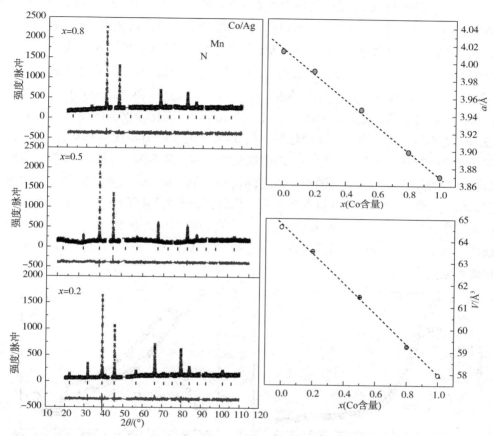

图 96 　（左图）室温下，采用 Rietveld 方法分析的 Mn₃Ag₁₋ₓCoₓN
化合物 XRD 图谱。"x"和实现分别为观察和计算的图

观察和计算之差为每幅图最下面的曲线。布拉格衍射峰用"丨"表示。

排除的区域为 Cu 的衍射峰。插图为 Mn₃Ag₁₋ₓCoₓN 的晶体结构示意图。

（右图）为晶胞参数和晶胞体积与 Co 含量(x)的关系图。误差棒小于数据点。

　　通过精修得到 Mn₃Ag₀.₈Co₀.₂N，Mn₃Ag₀.₅Co₀.₅N，Mn₃Ag₀.₂Co₀.₈N 和 Mn₃CoN 的晶胞常数分别为 3.988397Å，3.941563Å，3.90010Å，3.8702Å，如图 1（b）所示。Mn₃CoN 和 Mn₃AgN 的晶胞参数来源于我们之前的工作[14]。随着 Co 含量的增加，Mn₃Ag₁₋ₓCoₓN 晶胞常数呈线性减小的趋势。Co 的掺入导致晶胞常数减小，这与 Co 原子半径本身比 Ag 小的事实相符合，同时也验证了 Co 原子成功替代了部分 Ag。

5. 4. 2　Mn₃Ag₁₋ₓCoₓN 化合物磁性质的研究

由于反钙矿类的化合物大部分的物理性质均是由磁相转变引起，因此对 Mn₃Ag₁₋ₓCoₓN(x=0.2，0.5 和 0.8)化合物的零场冷(ZFC)和场冷(FC)条件下进行了磁化强度曲线的测试，如图 97 所示。ZFC 和 FC 曲线在低温阶段的分离应该归因于磁失措效应[152]。当 x=0.2 时，随着温度的降低，M-T 曲线在 300K 左右发生了一个小的变化，随着温度的进一步降低，磁化强度曲线逐渐升高，到 30K 左右，达到最大值，之后随着温度的进一进步降低，磁化强度曲线略有下降的趋势，但是不明显。根据这一变化趋势，当 x=0.5 时，随着温度的降低，在 300K 左右强度曲线突然跳起，之后随着温度缓慢的升高，到 80K 左右达到极值之后再随着温度的降低急速下降。即 Mn₃Ag₀.₈Co₀.₂N 和 Mn₃Ag₀.₅Co₀.₅N 的磁化强度曲线均表现了两个转变，通过分析可知，两个化合物处于高温区的转变应该归因于反铁磁转变。根据我们之前的 Mn₃Ni₁₋ₓAgₓN 化合物的工作，及 Daniel Fruchart 之前报道，低温区的转变应该归因于许多 Mn₃XN(X=Ag，Ni，Sn 等)化合物均出现的自旋再取向[4,14,15,101,173]。

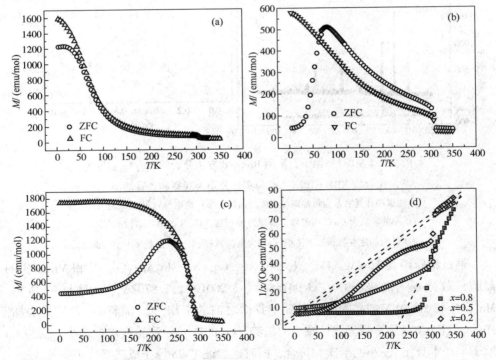

图 97　Mn₃Ag₁₋ₓCoₓN 化合物磁化强度与温度的关系曲线(a) x= 0. 2，(b)x= 0. 5 和(c)x= 0. 8

之前 Daniel Fruchart 的研究指出 Mn_3AgN 化合物在 $55\sim290K$ 温度区间是两种三角的反铁磁磁结构共存，即 Γ_{5g} 和 Γ_{4g} 共存[4]。也就是说 Mn_3AgN 化合物的三角反铁磁是基于 Γ_{5g} 和 Γ_{4g} 的对性或者他们共存，即在(111)晶面的三角磁矩的偏转的情况造成的。随着温度的降低，偏转发生，轴发生改变。但是磁矩大小和晶胞不发生变换，而且自旋方向发生改变。对于 $Mn_3Ag_{1-x}Co_xN$($x=0.5$ 和 0.2)，随着温度的降低，顺磁–反铁磁(PM-AFM)转变发生。随着温度的进一步降低，自旋再取向发上。但是，复杂的自旋再取向结构仍需进一步的研究。随着 Co 含量的增加，低温处的转变逐渐不明显，直到 $x=0.8$ 时，仅剩高温区的转变。

为了进一步确定高温磁转变的性质，运用居里-外斯定律对磁数据进行分析。公式 $x(T)=C/(T-\Theta_W)$ 被应用于顺磁相区域，其中 C 为居里常数，Θ_W 为外斯温度，如图 83(d)所示，$x=0.2$ 和 $x=0.5$ 时，Θ_W 为负值，表明了反铁磁相互作用占据了主要作用。但是 $x=0.8$ 时，Θ_W 为正值，表明反铁磁相互作用不再为主要作用，而且铁磁相开始出现在化合物中。

反铁磁 Mn_3AN 是典型的强电子关联材料，基于 Labbe'-Jardin 紧束缚模型，窄带是由 N2p 和 Mn3d 的轨道强杂化形成的，窄带的能量与费米面接近[177]。A 原子提供了费米面的巡游电子，因此这些窄带的占有率对 A 位元素的价电子数非常敏感。另外，由于费米面附近的态密度对 Mn-Mn 原子间的距离 d_c 很敏感，因此 Mn 原子间的距离 d_c 是表征磁有序时非常重要的参数之一。Ag 和 Co 的原子半径和价电子数区别很大，因此 Co 取代部分 Ag 后，窄带的占有率和 Mn—Mn 原子间距会发生很大的变化[160,178]。

更进一步，金属 A 可以改性原子内部甚至原子间的交换积分而且对磁结构的多样性提供了一定的贡献。Co 作为 3d 的磁性金属元素，不仅与上面提到的两种方式的磁相互作用有关，而且与可以直接参与 Mn—Mn 磁性原子的相互作用参与形成磁相。然而 Co 原子的引入可以改变近费米面的能量，导致不同温度的磁性行为。

5.4.3 $Mn_3Ag_{1-x}Co_xN$ 化合物热膨胀性质的研究

如图 98 所示为 $Mn_3Ag_{1-x}Co_xN$ 化合物的晶胞参数与温度的关系，所有的 $Mn_3Ag_{1-x}Co_xN$ 化合物($x=0.2$，0.5 和 0.8)均在高温度的磁转变附近表现出了负热膨胀行为，但是晶格结构在整个测试温区没有发生任何变化。$Mn_3Ag_{0.8}Co_{0.2}N$，$Mn_3Ag_{0.5}Co_{0.5}N$ 和 $Mn_3Ag_{0.2}Co_{0.8}N$ 化合物的线性热膨胀系数分别为 $-3.92\times10^{-6}K^{-1}$ ($260\sim300K$，$\Delta T=40K$)，$-4.96\times10^{-6}K^{-1}$($300\sim320K$，$\Delta T=20K$) 和 $-1.89\times10^{-6}K^{-1}$

$(290\sim310K,\ \Delta T=20K)$。热膨胀系数均在 $10^{-6}K^{-1}$ 左右，可以认为是低热膨胀。但是 $Mn_3Ag_{0.8}Co_{0.2}N$，和 $Mn_3Ag_{0.5}Co_{0.5}N$ 在自旋再取向磁转变附近晶胞均为发现有反常的变化。

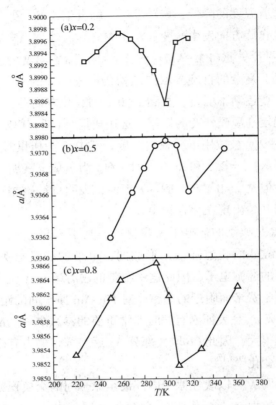

图 98　$Mn_3Ag_{1-x}Co_xN$ 化合物晶胞参数与温度的关系

（a）$x=0.2$；（b）$x=0.5$；（c）$x=0.8$

5.4.4　$Mn_3Ag_{1-x}Co_xN$ 化合物热学性质的研究

为了进一步研究磁转变的性质，测试了 $240\sim370K$ 温度区间的比热容 C_p，如图 99 所示。在 $Mn_3Ag_{0.8}Co_{0.2}N$，$Mn_3Ag_{0.5}Co_{0.5}N$ 和 $Mn_3Ag_{0.2}Co_{0.8}N$ 化合物的比热容与温度的关系曲线图中分别在 320K、310K 和 307K 处观察到了转变峰，与高温处的磁转变接近。为了估算转变熵 ΔS，采用了多项式方程对转变温度以上和转变温度以下的比热容-温度(C_p-T)曲线进行了拟合，排除了转变温度附近的数据。然后从总的比热容曲线减去多项式函数，并将结果数值与温度进行积分。这个过程可以用来估算转变熵 ΔS，$Mn_3Ag_{0.8}Co_{0.2}N$，$Mn_3Ag_{0.5}Co_{0.5}N$ 和

$Mn_3Ag_{0.2}Co_{0.8}N$ 化合物的转变熵分别为 $0.49R$，$0.64R$ 和 $0.60R$，其中 R 为摩尔气体常数。熵增 ΔS 和焓的增加值 ΔH 如表 15 所示。

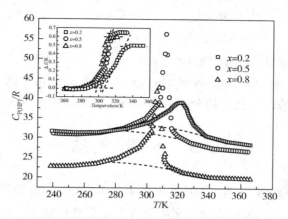

图 99　$Mn_3Ag_xCo_{1-x}N(x=0.2，0.5，0.8)$ 化合物的比热容与温度的关系曲线

表 15

样品	T_1/K	$\Delta S_1/R$	$\Delta H_1/$（J/mol）
$Mn_3Ag_{0.8}Co_{0.2}N$	321.40	0.49	1309.34
$Mn_3Ag_{0.5}Co_{0.5}N$	311.97	0.64	1659.98
$Mn_3Ag_{0.2}Co_{0.8}N$	307.38	0.60	1533.33

观察到的熵是由体积熵、磁熵和电阻熵变化三部分组成的，即，$\Delta S = \Delta S_1 + \Delta S_m + \Delta S_e$。我们可以采用公式 $\Delta S = \alpha \Delta V/\kappa$ 初步估算体积熵 ΔS_1，其中 α 为从温度和晶胞参数变化曲线获得的热膨胀系数，κ 为等温压缩性，值大约为 0.5×10^{-11} Pa^{-1}[151]。ΔV 为转变点的体积变化。从此处我们可以获得 $Mn_3Ag_{0.8}Co_{0.2}N$、$Mn_3Ag_{0.5}Co_{0.5}N$ 和 $Mn_3Ag_{0.2}Co_{0.8}N$ 化合物的 $\Delta S_1/R$ 的值分别为 -0.51、-0.26 和 -0.31，因此 $\Delta S_m + \Delta S_e$ 值分别为 $1R$、$0.9R$ 和 $0.91R$。但是 ΔS_m 和 ΔS_e 分别的值从目前的数据仍无法获得。由于热容 C_p 的测量受磁转变本质的影响，为了更进一步的量化数据分析，仍然需要进行额外的研究。

5.4.5　小结

探讨了 Co 的掺杂对反钙钛矿 $Mn_3Ag_xCo_{1-x}N$ 化合物磁、热膨胀性质及热容的影响。$Mn_3Ag_{0.8}Co_{0.2}N$ 和 $Mn_3Ag_{0.5}Co_{0.5}N$ 化合物随着温度的降低，磁转变出现了自旋再取向的现象。随着 Co 含量的增加，自旋再取向逐渐消失，而且，

当 $x=0.8$ 时，高温的反铁磁转变逐渐转变为亚铁磁转变。$Mn_3Ag_{0.8}Co_{0.2}N$、$Mn_3Ag_{0.5}Co_{0.5}N$ 和 $Mn_3Ag_{0.2}Co_{0.8}N$ 三个化合物在高温磁转变点均产生了各向同性的负热膨胀现象，其中 $Mn_3Ag_{0.5}Co_{0.5}N$ 和 $Mn_3Ag_{0.2}Co_{0.8}N$ 的热膨胀系数分别为 $-4.996\times10^{-6}K^{-1}$（$300\sim320K$）和 $-3.92\times10^{-6}K^{-1}$（$260\sim300K$），温区接近室温范围内，而且可以认为是低热膨胀系数，具有很大的潜在应用价值。另外，$Mn_3Ag_{0.8}Co_{0.2}N$、$Mn_3Ag_{0.5}Co_{0.5}N$ 和 $Mn_3Ag_{0.2}Co_{0.8}N$ 三个化合物高温处的所有的磁转变均伴随着熵的变化，值分别为 $0.49R$、$0.64R$ 和 $0.60R$。

5.5 本章小结

本章研究了 Co 和 Ni 两个磁性元素掺杂对 Mn_3AgN 化合物的晶格、磁及电输运性质的影响。Mn_3AgN 化合物在室温附近存在反铁磁转变，低温处出现自旋再有序现象。并且在磁转变温度处存在晶格和电输运性质的反常变化。热膨胀系数为 $-1.4\times10^{-5}K^{-1}$（$240\sim280K$，$\Delta T=40K$），$d\rho/dT$ 和平均电阻温度系数分别为 $-2.389\times10^{-8}\Omega\cdot cm/K$ 和 $47ppm/K$（$285\sim350K$），可以看作是近零电阻温度系数材料。

① 随着 Ni 掺杂含量的增加，Mn_3AgN、$Mn_3Ag_{0.8}Ni_{0.2}N$、$Mn_3Ag_{0.5}Ni_{0.5}N$、$Mn_3Ag_{0.2}Ni_{0.8}N$ 化合物高温反铁磁转变和低温磁有序再取向现象越来越明显。

② Mn_3AgN、$Mn_3Ag_{0.8}Ni_{0.2}N$、$Mn_3Ni_{0.5}Ag_{0.5}N$ 和 $Mn_3Ag_{0.2}Ni_{0.8}N$ 的热膨胀系数（CTE）分别为 $-1.4\times10^{-5}K^{-1}$（$240\sim280K$，$\Delta T=40K$），$-1.4\times10^{-5}K^{-1}$（$260\sim320K$，$\Delta T=60K$），$-2.3\times10^{-5}K^{-1}$（$250\sim290K$，$\Delta T=40K$）和 $-2.6\times10^{-5}K^{-1}$（$240\sim280K$，$\Delta T=40K$）。反常的热膨胀伴随着反铁磁转变而产生，但是在磁再有序转变温度处晶胞没有再次发生反常变化。

③ 伴随着反铁磁的转变和晶格的反常变化，电输运性质在室温附近产生了近零电阻温度系数，并且 $Mn_3Ag_{0.8}Ni_{0.2}N$ 和 Mn_3AgN 的平均的电阻温度系数（TCR）分别为 $68ppm/K$（$290\sim350K$）和 $47ppm/K$（$285\sim350K$）。$d\rho/dT$ 的值分别为 $-3.002\times10^{-8}\Omega\cdot cm/K$ 和 $2.389\times10^{-8}\Omega\cdot cm/K$。经研究发现近零电阻温度系数是由于顺磁阶段的磁无序引起的负电阻温度系数可以弥补由声子散射引起的正电阻温度系数，从而达到近零电阻温度系数行为。但是，正的电阻温度系数不能被完全平衡，因此得到了低电阻温度系数功能材料。

④ Co 元素的掺杂改变了 Mn_3AgN 的磁转变类型，$Mn_3Ag_{1-x}Co_xN$ 由原来的反铁磁转变为反铁磁与（亚）铁磁的共存态。并且 ZFC 和 FC 的磁化强度曲线由于磁

失措效应的存在而在低温阶段产生了分离。随着 Co 的掺杂含量的增加，化合物的矫顽力逐渐增大，当 Co 掺杂含量为 80% 时，矫顽力为 14000Oe。在磁转变温度处，化合物的热膨胀性质也发生了反常变化，其中 $Mn_3Ag_{0.5}Co_{0.5}N$ 和 $Mn_3Ag_{0.2}Co_{0.8}N$ 均在室温范围内产生了低热膨胀行为，热膨胀系数分别为 $-4.996×10^{-6}K^{-1}$（300～320K）和 $-3.92×10^{-6}K^{-1}$（260～300K）。

⑤ $Mn_3Ag_{0.8}Co_{0.2}N$ 和 $Mn_3Ag_{0.5}Co_{0.5}N$ 化合物随着温度的降低，磁转变出现了自旋再取向的现象。随着 Co 含量的增加，自旋再取向逐渐消失，而且，当 $x=0.8$ 时，高温的反铁磁转变逐渐转变为亚铁磁转变。经研究发现 Co 取代部分 Ag 后，窄带的占有率和 Mn—Mn 原子间距会发生很大的变化，而且 Co 原子的引入可以改变近费米面的能量，因此导致不同温度的磁性行为。

⑥ 所有的 $Mn_3Ag_{1-x}Co_xN$ 化合物（$x=0.2$，0.5 和 0.8）均表现出了在高温度的磁转变附近均表现出了负热膨胀行为，但是晶格结构没有发生任何变化。$Mn_3Ag_{0.8}Co_{0.2}N$、$Mn_3Ag_{0.5}Co_{0.5}N$ 和 $Mn_3Ag_{0.2}Co_{0.8}N$ 化合物的线性热膨胀系数分别为 $-3.92×10^{-6}K^{-1}$（260～300K，$\Delta T=40K$），$-4.96×10^{-6}K^{-1}$（300～320K，$\Delta T=20K$）和 $-1.89×10^{-6}K^{-1}$（290～310K，$\Delta T=20K$）。热膨胀系数均在 $10^{-6}K^{-1}$ 左右，可以认为是低热膨胀，并且低负热膨胀发生在室温附近，具有巨大的潜在应用价值。

结　　论

反钙钛矿结构化合物 Mn_3XN 中反常的热膨胀(与晶格 Lattice 关联)性质与其磁输运(与自旋 Spin 关联)、电输运(与电荷 Charge 关联)性质相互关联,彼此影响,显示出很宽的、丰富的物性变化。作者通过 X 位置元素掺杂的系列研究,合成了一系列具有特殊物性的化合物,如负热膨胀、近零膨胀、近零电阻温度系数等,并对其性能与机理进行了深入探讨,主要成果如下:

[1] 运用中子衍射技术研究了 $Mn_3(Zn,M)_xN(M=Ag,Ge)$ 化合物磁相转变、热膨胀行为,探讨了磁有序与晶格变化的关联关系,发现了三个温区不同的近零膨胀系列材料。通过中子衍射数据计算得到 $Mn_3Zn_xN(x=0.99,0.96,0.93)$ 三个样品的 M_{NTE} 相的热膨胀系数(CTE)均小于 $10^{-7}K^{-1}$,存在温区分别为 $135\sim185K$、$120\sim185K$ 和低于 $185K$。是反钙钛矿材料中迄今获得的温区最宽的近零膨胀材料。研究发现 $Mn_3(Zn,M)_xN(M=Ag,Ge)$ 化合物对称性为 R-3 的 M_{NTE} 相可与晶格发生强关联,进而导致磁体积效应。从而补偿由非谐运动引起的正常热膨胀,产生了近零热膨胀行为。

[2] 在 Mn_3Zn_xN 中通过 Zn 空位浓度和 Zn 位 Ag、Ge 元素的掺杂,稳定了决定磁体积效应的 M_{NTE} 相,改变了 Mn 的磁矩和 M_{NTE} 相的转变温度,获得了温区与膨胀系数均可调控的覆盖室温区域的零膨胀材料,为此类材料的实际应用奠定了良好的基础。同时给出了磁矩变化与晶格常数反常变化的量化关系,揭示了产生零膨胀行为的微观机理,为设计零膨胀材料提供了新思路。

[3] 采用固相合成的方法获得了较纯的 $Mn_{3.5}Co_{0.5}N$ 化合物。低于 $T_N=256K$ 时,外加 $500Oe$ 的磁场,场冷外加的条件下获得了 $-1.2T$ 的交换偏置场,零场冷条件下获得了 $-0.28T$ 的交换偏置场。采用中子衍射技术发现 $Mn_{3.5}Co_{0.5}N$ 化合物首先在 $T_C=400K$ 时经历了亚铁磁转变,然后在 256K 时发生了具有非线性自旋排列的反铁磁相的转变,即 mGM4+ 相。由于两磁子格相互作用引起的交换偏置效应和反常热膨胀行为都应该归因于这一个非线性自旋排列的反铁磁相。磁相的垂直偏移与交换偏压之间的强相关性为单相材料中产生交换偏压提供了一种独特的方法。

124

[4] 采用真空固相反应合成了 $Mn_3Zn_{1-x}Co_xN$（$x = 0.2$，0.4，0.5，0.7，0.9）。研究了 Co 掺杂对反钙钛矿 $Mn_3Zn_{1-x}Co_xN$ 化合物的磁、热膨胀和电阻率的影响。由于在 Zn 位置掺杂 Co 元素，所有样品都表现出 AFM 和 FM 相互作用之间的竞争，这与观察到的异常电输运和负热膨胀行为有关。$Mn_3Zn_{1-x}Co_xN$（$x = 0.2$，0.4，0.7，0.9）化合物在磁相变附近表现出突变的电阻率跃迁现象，这是由负热膨胀引起的费米表面位移引起的。在 $Mn_3Zn_{1-x}Co_xN$（$x = 0.4$，0.7，0.9）中观察到低温下的电阻率最小值，可能是电子-电子相互作用造成的。

[5] 系统地研究了 Ni 掺杂 $Mn_3Ag_{1-x}Ni_xN$ 化合物的电输运性质，发现了可调控的低电阻温度系数行为，并且对低电阻温度系数行为的产生机理给出了合理的解释。其中 Mn_3AgN 化合物的 $d\rho/dT$ 和平均电阻温度系数分别为 $-2.389 \times 10^{-8}\Omega \cdot cm/K$ 和 47ppm/K（285～350K），$Mn_3Ag_{0.8}Ni_{0.2}N$ 的 $d\rho/dT$ 和平均电阻温度系数（TCR）分别为 $3.002 \times 10^{-8}\Omega \cdot cm/K$ 和 68ppm/K（290～350K）。研究发现低于奈尔温度，$Mn_3Ag_{1-x}Ni_xN$ 化合物的电阻率随温度变化呈金属型行为。而低温阶段（10～90K）费米液体模型的电子-电子散射机制占了主导作用。但是在 90K 到奈尔温度处，电子-声子散射成为调控电阻率的主要因素。当温度高于 AFM 转变，化合物变为顺磁相之后，与电阻相关的自旋无序增加。此时，短程有序完全取代了长程有序。短程有序效应可以引起负的电阻温度系数行为，弥补由声子散射引起的正的电阻温度系数行为，从而导致产生近零电阻温度系数现象。

[6] 探讨了 Co 的掺杂对反钙钛矿 $Mn_3Ag_xCo_{1-x}N$ 化合物磁、热膨胀性质及热容的影响。$Mn_3Ag_{0.8}Co_{0.2}N$ 和 $Mn_3Ag_{0.5}Co_{0.5}N$ 化合物随着温度的降低，磁转变出现了自旋再取向的现象。随着 Co 含量的增加，自旋再取向逐渐消失，而且，当 $x = 0.8$ 时，高温的反铁磁转变逐渐转变为亚铁磁转变。$Mn_3Ag_{0.8}Co_{0.2}N$、$Mn_3Ag_{0.5}Co_{0.5}N$ 和 $Mn_3Ag_{0.2}Co_{0.8}N$ 三个化合物在高温磁转变点均产生了各向同性的负热膨胀现象，其中 $Mn_3Ag_{0.5}Co_{0.5}N$ 和 $Mn_3Ag_{0.2}Co_{0.8}N$ 的热膨胀系数分别为 $-4.996 \times 10^{-6}K^{-1}$（300～320K）和 $-3.92 \times 10^{-6}K^{-1}$（260～300K），温区接近室温范围内，而且可以认为是低热膨胀系数，具有很大的潜在应用价值。

[7] 研究了非磁性元素和磁性元素掺杂对该类化合物物理性质的不同影响。发现非磁性元素 Ag、Ge 和 Si 的掺杂只是改变了 $Mn_3Zn_{1-x}A_xN$ 化合物的磁转变温度，并没有改变磁转变类型。而磁性元素 Co 的掺杂则不仅改变了 $Mn_3Zn_{1-x}Co_xN$ 和 $Mn_3Ag_{1-x}Co_xN$ 化合物的磁转变温度，而且磁转变类型从反铁磁转变变为反铁磁与铁磁或亚铁磁共存。而且 Co 元素的掺杂，导致 $Mn_3Zn_{1-x}Co_xN$ 和 $Mn_3Ag_{1-x}Co_xN$ 系列化

合物都产生了较大的矫顽力，其中 $Mn_3Zn_{0.15}Co_{0.85}N$ 在 5K 的矫顽力达到 48000Oe。

[8] 通过系统研究，不仅发现了具有近零热膨胀性质的 Mn_3Zn_xN（$x=0.99$，0.96，0.93）三种化合物。我们还发现了 10 种同样具有应用前景的低热膨胀材料，其热膨胀系数及温区分别为：$Mn_3Zn_{0.41}Ag_{0.41}N$ 为 $2.31×10^{-6}$ K^{-1}（低于 220K），$Mn_3Zn_{0.5}Ge_{0.5}N$ 为 $3.07-10^{-6}$ K^{-1}（350～530 K），$Mn_3Zn_{0.8}Co_{0.2}N$ 为 $1.42×10^{-6}$ K^{-1}（低于 150K），$Mn_3Zn_{0.6}Co_{0.4}N$ 为 $1.67×10^{-6}$ K^{-1}（低于 180K），$Mn_3Zn_{0.15}Co_{0.85}N$ 为 $3.4×10^{-6}$ K^{-1}（低于 250K），$Mn_3Zn_{0.9}Si_{0.1}N$ 为 $1.06×10^{-6}$ K^{-1}（低于 150K），$Mn_3Zn_{0.85}Si_{0.15}N$ 为 $1.37×10^{-6}$ K^{-1}（低于 150K），$Mn_3Zn_{0.75}Si_{0.75}N$ 为 $2.1×10^{-6}$ K^{-1}（低于 150K），$Mn_3Ag_{0.2}Co_{0.8}N$ 为 $-3.92×10^{-6}$ K^{-1}（260～300K）和 Mn_3CoN 为 $-3.73×10^{-6}$ K^{-1}（170～250K）。

建议与展望

本工作对反钙钛矿结构锰氮化合物 Mn_3XN 晶格、磁、电及热输运性质进行了研究，获得了一些有价值的结果，并为揭示该类材料物理本质，设计新型功能材料奠定了基础。然而由于时间和条件的限制，一些重要的工作仍有待于深入细致地研究。主要包括以下几个方面：

[1] 目前关于 Mn_3XN 化合物中诸多奇特物理性质的理论分析，需要进一步通过电子能带结构的计算对这类材料的性质进行深入系统地理论分析，实验数据与计算模拟相结合，探讨其物性发生反常变化的物理本质与规律。

[2] 反钙钛矿结构锰基化合物 Mn_3XN 中广泛存在着晶格、磁、电输运等物性突变，可以在物性研究的基础上探索这类材料的应用价值，目前其应用研究相当缺乏。

[3] 目前开展的反钙钛矿结构材料的研究工作主要是针对多晶样品，从目前反钙钛矿结构丰富的物理性质和广泛的潜在应用价值来看，对单晶反钙钛矿材料物性的研究非常有必要，但是三维单晶材料的合成面临很大困难。

参 考 文 献

[1] J. G. Bednorz, K. A. Müller. Possible high Tc superconductivity in the Ba-La-Cu-O system [J]. Physica B: Condensed Matter, 1986, 64(2): 189-193.

[2] R. Von Helmolt, J. Wecker, B. Holzapfel, L. Schultz, K. Samwer. Giant negative magnetoresistance in perovskitelike $La_{2/3}Ba_{1/3}MnO_x$ ferromagnetic films [J]. Physical Review Letters, 1993, 71(4): 2331.

[3] C. H. Ahn, T. Tybell, L. Antognazza, K. Char, R. H. Hammond, M. R. Beasley, O. Fischer, J. M. Triscone. Local Nonvolatile electronic writing of epitaxial $Pb(Zr_{0.52}Ti_{0.48})O_3/SrRuO_3$ heterostructures [J]. Science, 1997, 276(5315): 1100-1103.

[4] D. Fruchart, E. F. Bertaut. Magnecit studies of the metallic perovskite-type compounds of manganese [J]. Journal of the Physical Society of Japan, 1978, 44: 781-791.

[5] T. He, Q. Huang, A. P. Ramirez. Superconductivity in the non-oxide perovskite $MgCNi_3$ [J]. Letters to Nature, 2001, 411(4): 54-56.

[6] Granada C M, Silva C M. A Magnetic moments of transition impurities in antiperovskites [J]. Solid State Communications, 2002, 122(5): 269-270.

[7] Sun Ying, Wang Cong, Wen Yongchun, Zhu Kaigui, Zhao Jingtai. Lattice contraction and magnetic and electronic transport properties of $Mn_3Zn_{1-x}Ge_xN$ [J]. Applied Physics Letters, 2007, 91(23): 231913.

[8] K. Takenaka, H. Takagi. Giant negative thermal expansion in Ge-doped anti-perovskite manganese nitrides [J]. Applied Physics Letters, 2005, 87(26): 261902.

[9] Takenaka K., Takagi H. Zero thermal expansion in a pure-form antiperovskite manganese nitride [J]. Applied Physics Letters, 2009, 94(13): 131904.

[10] Cong Wang, Chu Lihua, Yao Qingrong. Tuning the range, magnitude, and sign of the thermal expansion in intermetallic $Mn_3(Zn, M)_xN(M = Ag, Ge)$ [J]. Physical Review B, 2012, 85(22): 220103(R).

[11] W. S. Kim, E. O. Chi, J. C. Kim. Close correlation among lattice, spin, and charge in the manganese-based antiperovskite material [J]. Solid State Communications, 2001, 2001: 4.

[12] K. Kamishima, T. Goto, H. Nakagawa. Giant magnetoresistance in the intermetallic compound Mn_3GaC [J]. Physical Review B, 2000, 63(2): 024426.

[13] E. O. Chi, W. S. Kim, Hur N. H. Nearly zero temperature coefficient of resistivity in antiperovskite compound $CuNMn_3$ [J]. Solid State Communications, 2001, 120: 307-310.

[14] Chu Lihua, Wang Cong, Yan Jun. Magnetic transition, lattice variation and electronic transport properties of Ag-doped $Mn_3Ni_{1-x}Ag_xN$ antiperovskite compounds [J]. Scripta Materialia, 2012, 67(2): 173-176.

［15］ Gomonaj E. V. Magnetostriction and piezomagnetism of noncollinear antiferromagnet Mn_3NiN ［J］. Phase Transitions，1989，18(1-2)：93-101.

［16］ K. Asano，K. Koyama，K. Takenaka. Magnetostriction in Mn_3CuN ［J］. Applied Physics Letters，2008，92(16)：161909.

［17］ T. Tohei，H. Wada，T. Kanomata. Large magnetocaloric effect of $Mn_{3-x}Co_xGaC$ ［J］. Journal of Magnetism and Magnetic Materials，2004，272-276：E585-E586.

［18］ T. Tohei，H. Wada，T. Kanomata. Negative magnetocaloric effect at the antiferromagnetic to ferromagnetic transition of Mn_3GaC ［J］. Journal of Applied Physics，2003，94(3)：1800-1802.

［19］ Lukashev Pavel，Sabirianov Renat，Belashchenko Kirill. Theory of the piezomagnetic effect in Mn-based antiperovskites ［J］. Physical Review B，2008，78(18)：184414.

［20］ I. R. Shein，V. V. Bannikov，A. L. Ivanovskii. Structural，elastic and electronic properties of superconducting anti-perovskites $MgCNi_3$，$ZnCNi_3$ and $CdCNi_3$ from first principles ［J］. Physica C：Superconductivity，2008，468(1)：1-6.

［21］ H. Rosner，R. Weht，M. D. Johannes，W. E. Pickett，E. Tosatti. Superconductivity near Ferromagnetism in $MgCNi_3$ ［J］. Physical Review Letters，2001，88：027001.

［22］ P. Tong，Y. Sun，X. Zhu，W. Song. Strong electron-electron correlation in the antiperovskite compound $GaCNi_3$ ［J］. Physical Review B，2006，73(24)：245106.

［23］ 黄昆 . 固体物理学 ［M］. 北京：高等教育出版社，1988.

［24］ 田莳 . 材料物理性能 ［M］. 北京：北京航空航天大学出版社，2004.

［25］ J. S. O. Evans，T. A. Mary. Structure phase transition and negative thermal expansion in $Sc_2(WO_4)_3$ ［J］. International Journal of Inorganic Materials，2000，2：143-151.

［26］ A. W. Sleight. Thermal contraction ［J］. Endeavour，1995，19：64-68.

［27］ P. R. L Whlche，V. Heine，M. T. Dove. Negative thermal expansion ［J］. Physics and Chemistry of Minerals，1998，26：63-77.

［28］ J. S. O. Evan，T. A. Mary，A. W Sleight. Negative thermal expansion materials ［J］. Physica B，1998，211 311-316.

［29］ K. Takenaka，K. Asano，M. Misawa，H. Takagi. Negative thermal expansion in Ge-free antiperovskite manganese nitrides：Tin - doping effect ［J］. Applied Physics Letters，2008，92(1)：011927.

［30］ J. Z. Tao，A. W. Sleight. The role of rigid unit modes in negative thermal expansion ［J］. Journal of Solid State Chemistry，2003，173：442-448.

［31］ N. Khosrovani，A. W. Sleight. Flexibility of network structure ［J］. Journal of Solid State Chemistry，1996，121：2-11.

［32］ V. K. Pecharsky，K. A. Gschneidner Jr. Giant magnetocaloric effect in $Gd_5(Si_2Ge_2)$ ［J］. Physical Review Letters，1997，78(4)：4494-4497.

［33］ 谭强强，方克明 . 复合氧化物材料的负热膨胀机理 ［J］. 耐火材料，2001，35(5)：

296-298.

[34] 邢献然. 氧化物材料负膨胀机理 [J]. 北京科技大学学报, 2000, 22(1): 56-58.

[35] 卡恩 R. W., 哈森等. 材料科学与技术丛书(第3B卷) [M]. 北京: 科学出版社, 2001.

[36] 任凤章. 材料物理基础 [M]. 北京: 机械工业出版社, 2006.

[37] W. HMeiklejohn, C. P. Bean. New magnetic anisotropy [J]. Phys Rev, 1956, (102): 1413-1414.

[38] 何惊华. 铁氧体基复合系统磁性及交换偏置 [D]. 华中科技大学, 2009.

[39] 尹诗岩. 磁纳米颗粒系统的交换偏置及锻炼效应 [D]. 华中科技大学, 2010.

[40] 刘奎立. 过渡金属掺杂氧化物的磁性和交换偏置效应研究 [D]. 华中科技大学, 2010.

[41] J. Nogues, Schuller Ik. Exchange bias [J]. MagnMagnMater, 1999, (192): 203-232.

[42] 周广宏. 磁性薄膜/多层膜中的交换偏置及其热稳定性研究 [D]. 南京航空航天大学, 2012.

[43] L. Neel. Ferro-Antiferromanetic coupling in thin layers [J]. AnnPhys, 1967, 2: 61-63.

[44] D. Mauri, H. C. Siegmann, P. S. Bagus. Simple model for thin ferromagnetic films exchange coupled to an antiferromagnetic sub strate [J]. Journal of Applied Physics, 1987, 62 (7): 3047-3049.

[45] 白宇浩. 铁磁/反铁磁体系中交换偏置的角度依赖关系及其阶跃现象 [D]. 内蒙古大学, 2010.

[46] P. Malozemoff A. Random-field model of exchange anisot ropy at rough ferromagnetic-antiferromagnetic interfaces[J]. Phys Rev B, 1987, 35(7): 3679-3682.

[47] P. Malozemoff A. Mechanisms of exchange anisot ropy [J]. Appl Phys, 1988, 63: 3874-3879.

[48] C. Koon N. Calculations of Exchange Bias in Thin Films with Ferromagnetic/Antiferromagnetic Interfaces [J]. Physical Review Letters, 1997, 78(25): 4865-4868.

[49] D. Fruchart, E. F. Bertaut, F. Sayetat, M. Eddine. Structure magnetique de Mn_3GaC [J]. Solid State Communications, 1970, 8: 91-99.

[50] E. F. Bertaut, D. Fruchart. Neutron diffraction of Mn_3GaN [J]. Solid State Communications, 1968, 6(5): 251-256.

[51] Akihiro Kenmostsu, Takeshi Shinoara, Hiroshi Watanabe. Nuclear Magnetic Resonance of Ferromagnetic Mn_3AlC and Mn_3GaC [J]. Journal of the Physical Society of Japan, 1972, 32: 5.

[52] Santos A. V. Dos, C. A. Kuhnen. Electronic structure and magnetic properties of $CoFe_3N$, $CrFe_3N$ and $TiFe_3N$ [J]. Journal of Alloys and Compounds, 2001, 321: 60-66.

[53] Takenaka, Koshi, Takagi Hidenori. Magnetovolume effect and negative thermal expansion in $Mn_3(Cu_{1-x}Ge_x)N$ [J]. Materials Transactions, 2006, 47: 471-474.

[54] Q. Qi K. O'donnell, E. Touchais, J. M. D. Coey. Mössbauer spectra and magnetic properties of iron nitrides [J]. Hyperfine Interactions, 1994, 94: 2067-2073.

[55] C. A. Kuhnen, R. S. De Figuerdo, V. Drago, E. Z. Da Silva. Mössbauer studies and electronic structure of $\gamma'-Fe_4N$ [J]. Journal of Magnetism and Magnetic Materials 1992, 111: 95-104.

[56] 马礼敦. 高等结构分析 [M]. 上海: 复旦大学出版社, 2006.

[57] C. Zimm, A. Jastrab. Description and performance of a near-room temperature magnetic refrigerator [J]. Advances in Cryogenic Engineering, 1998, 43(17): 1795.

[58] V. K. Pecharsky, K. A. Gschneidner, Jr. $Gd_5Si_2Ge_2$ composite for magnetostrictive actuator applications [J]. Applied Physics Letters, 1997, 70(24): 3299-3301.

[59] Yu Ming-Hui, Lewis L. H., Moodenbaugh A. R. Large magnetic entropy change in the metallic antiperovskite Mn_3GaC [J]. Journal of Applied Physics, 2003, 93(12): 10128.

[60] Krasovskii A. E. First-principles prediction of piezomagnetic effect in the metal phase at the earth's core conditions [J]. Physical Review B, 2003, 67(13): 134407.

[61] T. Kanomata, K. S. T. Kaneko. Pressure effect on the magnetic transition temperatures in the intermetallic compounds Mn_3MC (M= Ga, Zn and Sn) [J]. Journal of the Physical Society of Japan, 1987, 56(40): 4047.

[62] B. S. Wang, P. Tong, Y. P. Sun. Reversible room-temperature magnetocaloric effect with large temperature span in antiperovskite compounds $Ga_{1-x}CMn_{3+x}$ ($x = 0$, 0.06, 0.07, and 0.08) [J]. Journal of Applied Physics, 2009, 105(8): 083907.

[63] Song Bo, Jian Jikang, Bao Huiqiang. Observation of spin-glass behavior in antiperovskite Mn_3GaN [J]. Applied Physics Letters, 2008, 92(19): 192511.

[64] B. S. Wang, P. Tong, Y. P. Sun. The observation of a positive magnetoresistance and close correlation among lattice, spin, and charge around T_c in antipervoskite $SnCMn_3$ [J]. Journal of Applied Physics, 2009, 106(1): 013906.

[65] B. S. Wang, P. Tong, Y. P. Sun. Large magnetic entropy change near room temperature in antipervoskite $SnCMn_3$ [J]. EPL (Europhysics Letters), 2009, 85(4): 47004.

[66] Wen Yongchun, Wang Cong, Nie Man. Influence of carbon content on the lattice variation, magnetic and electronic transport properties in Mn_3SnC_x [J]. Applied Physics Letters, 2010, 96(4): 041903.

[67] Wen Yongchun, Wang Cong, Sun Ying. Lattice, magnetic and transport properties in antiperovskite compounds [J]. Solid State Communications, 2009, 149(37-38): 1519-1522.

[68] Wen Yongchun, Wang Cong, Sun Ying, Nie Man, Chu Lihua. Forced volume magnetostriction in $Mn_{3.3}Sn_{0.7}C$ compound at room temperature [J]. Journal of Magnetism and Magnetic Materials, 2010, 322(20): 3106-3108.

[69] Sun Ying, Wang Cong, Chu Lihua, Wen Yongchun, Nie Man, Liu Fusheng. Low temperature coefficient of resistivity induced by magnetic transition and lattice contraction in Mn_3NiN compound [J]. Scripta Materialia, 2010, 62(9): 686-689.

[70] Bouchaud J P, Fruchart R, Pauthenet R. Transport properties of the intermetallic compounds $Mn_3Ga_{1-x}Zn_xC$ [J]. Journal of Applied Physics, 1966, 37(9): 971.

[71] T. Kanomata, M. Kikuchi, T. Kaneko. Goto Field-induced magnetic transition of Mn_3GaC [J].

Solid State Communications, 1997, 101: 4.

[72] J. Shim, S. Kwon, B. Min. Electronic structure of metallic antiperovskite compound $GaCMn_3$ [J]. Physical Review B, 2002, 66(2): 020406 (R).

[73] S. Y. Li R. Fan, X. H. Chen, C. H. Wang. Normal state resistivity, upper critical field, and Hall effect in superconducting perovskite $MgCNi_3$[J]. Physical Review B, 2001, 64: 132505.

[74] J. Y. Lin, P. L. Ho, H. L. Huang. BCS−like superconductivity in $MgCNi_3$[J]. Physical Review B, 2003, 67: 052501.

[75] Y. X. Yao, X. N. Ying, Y. N. Huang. The mechanical relaxation study of polycrystalline MgC_{1-x} Ni_3[J]. Superconductor Science and Technology, 2004, 17: 608 – 611.

[76] P. Zheng, J. L. Luo, G. T. Liu. Optical properties of $MgCNi_3$ in the normal state [J]. Physical Review B, 2005, 72: 092509.

[77] D. J. Singh, I. I. Mazin. Superconductivity and electronic structure of perovskite $MgCNi_3$[J]. Physical Review B, 2001, 64: 140507(R).

[78] A. Yu. Ignatov, S. Y. Savrasov, T. A. Tyson. Superconductivity near the vibrational−mode instability in $MgCNi_3$[J]. Physical Review B, 2003, 68: 220504(R).

[79] R. Heid, B. Renker, H. Schober. Phonon spectrum and soft−mode behavior of $MgCNi_3$[J]. Physical Review B, 2004, 69: 092511.

[80] Jha. Prafulla K. Phonon spectra and vibrational mode instability of $MgCNi_3$[J]. Physical Review B, 2005, 72: 214512.

[81] S. Lin, B. S. Wang, J. C. Lin. The magnetic, electrical transport and thermal transport properties of Fe−based antipervoskite compounds ZnC_xFe_3 [J]. Journal of Applied Physics, 2011, 110 (8): 083914.

[82] S. Lin, B. S. Wang, X. B. Hu. The structural, magnetic, electrical/thermal transport properties and reversible magnetocaloric effect in Fe−based antipervoskite compound $AlC_{1.1}Fe_3$[J]. Journal of Magnetism and Magnetic Materials, 2012, 324(20): 3267−3271.

[83] Nakamura Yoshinobu, Takenaka Koshi, Kishimoto Akira, Takagi Hidenori. Mechanical Properties of Metallic Perovskite $Mn_3Cu_{0.5}Ge_{0.5}N$: High − Stiffness Isotropic Negative Thermal Expansion Material [J]. Journal of the American Ceramic Society, 2009, 92 (12): 2999−3003.

[84] Huang Rongjin, Wu Zhixiong, Yang Huihui. Mechanical and transport properties of low−temperature negative thermal expansion material Mn_3CuN co−doped with Ge and Si [J]. Cryogenics, 2010, 50(11−12): 750−753.

[85] 屈冰雁. 反钙钛矿锰氮化合物的负热膨胀性质的理论研究 [D]. 安徽：中国科学技术大学，2012.

[86] S. Iikubo, K. Kodama, K. Takenaka, H. Takagi, S. Shamoto. Magnetovolume effect in Mn_3Cu_{1-x} Ge_xN related to the magnetic structure: Neutron powder diffraction measurements [J]. Physical

Review B, 2008, 77(2).

[87] K. Takenaka, T. Inagaki, H. Takagi. Conversion of magnetic structure by slight dopants in geometrically frustrated antiperovskite Mn_3GaN [J]. Applied Physics Letters, 2009, 95 (13): 132508.

[88] T. G. Amos, Q. Huang, J. W. Lynn. Carbon concentrantion dependence of the superconducting transition temperature and structure of MgC_xNi_3 [J]. Solid State Communications, 2002, 121: 73-77.

[89] L. Shan, K. Xia, Z. Y. Liu. Influence of carbon concentration on the superconductivity in MgC_xNi_3 [J]. Physical Review B, 2003, 68: 024523.

[90] M. Miao, Herwadkar Aditi, Lambrecht Walter. Electronic structure and magnetic properties of Mn_3GaN precipitates in $Ga_{1-x}Mn_xN$ [J]. Physical Review B, 2005, 72(3): 033204.

[91] W. Kim, E. Chi, J. Kim, N. Hur, K. Lee. Cracks induced by magnetic ordering in the antiperovskite $ZnNMn_3$ [J]. Physical Review B, 2003, 68(17): 172402.

[92] Gäbler Frank, Kirchner Martin, Schnelle Walter. $(Sr_3N_x)E$ and $(Ba_3N_x)E$ (E = Sn, Pb): Preparation, Crystal Structures, Physical Properties and Electronic Structures [J]. Zeitschrift for anorganische und allgemeine Chemie, 2005, 631(2-3): 397-402.

[93] Sun Ying, Wang Cong, Wen Yongchun. Negative Thermal Expansion and Magnetic Transition in Anti-Perovskite Structured $Mn_3Zn_{1-x}Sn_xN$ Compounds [J]. Journal of the American Ceramic Society, 2010, 93(8): 2178-2181.

[94] Ding Lei, Wang Cong, Chu Lihua. Near zero temperature coefficient of resistivity in antiperovskite $Mn_3Ni_{1-x}Cu_xN$ [J]. Applied Physics Letters, 2011, 99(25): 251905.

[95] Ding Lei, Wang Cong, Na Yuanyuan, Chu Lihua, Yan Jun. Preparation and near zero thermal expansion property of $Mn_3Cu_{0.5}A_{0.5}N$ (A = Ni, Sn)/Cu composites [J]. Scripta Materialia, 2011, 65(8): 687-690.

[96] R. J. Huang, W. Xu, X. D. Xu. Negative thermal expansion and electrical properties of $Mn_3(Cu_{0.6}Nb_xGe_{0.4-x})N$ ($x = 0.05 - 0.25$) compounds [J]. Materials Letters, 2008, 62(16): 2381-2384.

[97] Huang Rongjin, Li Laifeng, Cai Fangshuo. Low-temperature negative thermal expansion of the antiperovskite manganese nitride Mn_3CuN codoped with Ge and Si[J]. Applied Physics Letters, 2008, 93(8): 081902.

[98] Huang Rongjin, Wu Zhixiong, Chu Xinxin. Low thermal expansion behavior and electrical conductivity of $Mn_3(Cu_{0.5}Si_xGe_{0.5-x})N$ at low temperatures [J]. Solid State Sciences, 2010, 12 (12): 1977-1980.

[99] J. C. Lin, B. S. Wang, P. Tong. Tunable temperature coefficient of resistivity in C- and Co-doped $CuNMn_3$ [J]. Scripta Materialia, 2011, 65(5): 452-455.

[100] J. C. Lin, B. S. Wang, S. Lin. The study of structure, magnetism, electricity, and their correla-

tions at martensitic transition for magnetostriction system $Cu_{1-x}Mn_xNMn_3$ ($0 \leqslant x \leqslant 0.5$) [J]. Journal of Applied Physics, 2012, 111(11): 113914.

[101] S. Lin, B. S. Wang, J. C. Lin. Tunable room−temperature zero temperature coefficient of resistivity in antiperovskite compounds $Ga_{1-x}CFe_3$ and $Ga_{1-y}Al_yCFe_3$ [J]. Applied Physics Letters, 2012, 101(1): 011908.

[102] S. Lin, B. S. Wang, P. Tong. The magnetic phase diagram and large reversible room−temperature magnetocaloric effect in antiperovskite compounds $Zn_{1-x}Sn_xCFe_3$ ($0 \leqslant x \leqslant 1$) [J]. Journal of Applied Physics, 2012, 112(6): 063904.

[103] S. Lin, B. S. Wang, P. Tong. Extremely low temperature coefficient of resistivity in antiperovskite compounds $M_\sigma Ga_{1-\sigma}CFe_3$ ($M = Cu$, Ag) [J]. Journal of Alloys and Compounds, 2013, 551: 591−595.

[104] P. Tong, Y. Sun, X. Zhu, W. Song. Strong spin fluctuations and possible non−Fermi−liquid behavior in $AlCNi_3$ [J]. Physical Review B, 2006, 74(22).

[105] P. Tong, Y. P. Sun, X. B. Zhu, W. H. Song. Synthesis and physical properties of antiperovskite−type compound $In_{0.95}CNi_3$ [J]. Solid State Communications, 2007, 141(6): 336−340.

[106] B. S. Wang, P. Tong, Y . P. Sun. Structural, magnetic properties and magnetocaloric effect in Ni−doped antiperovskite compounds $GaCMn_{3-x}Ni_x$ ($0 \leqslant x \leqslant 0.10$) [J]. Physica B: Condensed Matter, 2010, 405(10): 2427−2430.

[107] B. S. Wang, P. Tong, Y. P. Sun. Magnetism, magnetocaloric effect and positive magnetoresistance in Fe−doped antipervoskite compounds $SnCMn_{3-x}Fe_x$ ($x = 0.05 − 0.20$) [J]. Journal of Magnetism and Magnetic Materials, 2010, 322(1): 163−168.

[108] X. Song, Z. Sun, Q. Huang. Adjustable zero thermal expansion in antiperovskite manganese nitride [J]. Advanced Materials, 2011, 23(40): 4690−4694.

[109] Z. H. Sun, X. Y. Song, F. X. Yin. Giant negative thermal expansion in ultrafine−grained Mn_3 ($Cu_{1-x}Ge_x$) N ($x = 0.5$) bulk [J]. Journal of Physics D: Applied Physics, 2009, 42 (12): 122004.

[110] Sun Zhonghua, Song Xiaoyan,, Xu Lingling. Effects of sintering temperature on microstructure, nitrogen deficiency and densification of spark plasma sintered $Mn_3Cu_{0.5}Ge_{0.5}N$ [J]. Ceramics International, 2011, 37(5): 1693−1696.

[111] B. Y. Li, W. Li, W. Feng, Y. Zhang, Z. Zhang. Magnetic, transport and magnetotransport properties of $Mn_{3+x}Sn_{1-x}C$ and $Mn_3Zn_ySn_{1-y}C$ compounds [J]. Physical Review B, 2005, 72 (2): 024411.

[112] W. Feng, D. Li, W. Ren. Glassy ferromagnetism in Ni_3Sn−type $Mn_{3.1}Sn_{0.9}$ [J]. Physical Review B, 2006, 73(20): 205105.

[113] W. J. Feng, D. Li, W. J. Ren. Structural, magnetic and transport properties of $Mn_{3.1}Sn_{0.9}$ and $Mn_{3.1}Sn_{0.9}N$ compounds [J]. Journal of Alloys and Compounds, 2007, 437(1−2): 27−33.

［114］A. F. Dong, G. C. Che, W. W. Huang. Synthesis and physical properties of AlCNi$_3$［J］. Physica C：Superconductivity, 2005, 422(1-2)：65-69.

［115］S. Q. Wu, Z. F. Hou, Z. Z. Zhu. Electronic structure and magnetic state of Ni$_3$InC［J］. Physica B：Condensed Matter, 2008, 403(23-24)：4232-4235.

［116］S. Q. Wu, Z. F. Hou, Z. Z. Zhu. Elastic properties and electronic structures of CdCNi$_3$：A comparative study with MgCNi$_3$［J］. Solid State Sciences, 2009, 11(1)：251-258.

［117］J. C. Chen, G. C. Huang, C. Hu, J. P. Weng. Synthesis of negative-thermal-expansion ZrW$_2$O$_8$ substrates［J］. Scripta Materialia, 2003, 49(3)：261-266.

［118］黄加伍, 李俊, 彭虎, 雷春. 氮化锰的微波合成［J］. 中国有色金属学报, 2006, 16(4)：675-680.

［119］王培铭, 许乾慰. 材料研究方法［M］. 北京：科学出版社, 2005.

［120］梁敬魁. 粉末衍射法测定晶体结构［M］. 北京：科学出版社, 2003.

［121］张建中, 杨传铮. 晶体的 X 射线衍射基础［M］. 南京：南京大学出版社, 1992.

［122］Dong Cheng. PowderX：Windows-95-based program for powder X-ray diffraction data procession［J］. Journal of Applied Crystallography, 1999, 32：838.

［123］Delhez R., Mittemeijer E. J. A rietveld-analysis programm RIETAN-98 and its applications to zeolites［J］. Materials Science Forum, 2000, 321 - 324：198-205.

［124］Larson A. C., Dreele R. B. Von. General Structure Analysis System (GSAS)［J］. Los Alamos National Laboratory Report LAUR, 1994, 86-748

［125］倪小静, 杨超云. 超导量子干涉器(SQUID)原理及应用［J］. 物理与工程, 2007, 17(6)：28-37.

［126］张焱, 高振祥. 磁性测量仪器(MPMS-XL)的原理及其应用［J］. 现代仪器, 2005, 5：44-47.

［127］戴道生, 钱昆明. 铁磁学［M］. 北京：科学出版社, 1987.

［128］宿昌厚, 鲁效明. 双电测组合法测试半导体电阻率的研究［J］. 半导体学报, 2003, 03：56-60.

［129］刘新福, 宋以材, 刘东升. 四探针技术测量薄层电阻的原理及应用［J］. 封装测试技术, 2004, 29(7)：48-52.

［130］左演生等. 材料现代测试方法［M］. 北京：北京工业大学出版社, 2000.

［131］阎守胜, 陆果. 低温物理实验的原理与方法［M］. 北京：科学出版社, 1985.

［132］Reed Richard Palmer, Clark A. F. Materials at low temperatures［M］. United States：American Society for Metals, Metals Park, OH, 1984.

［133］Hiroshi Akitaya. Masanori Iye, Kiichi Okita. Application of zero-expansion pore-free ceramics to a mirror of an astronomical telescope［J］. Proceedings of the SPIE, 2008, 7018：70183H.

［134］Strock J. D. Development of zero coefficient of thermal expansion composite tubes for stable space structures［J］. Proceedings of the SPIE, 1992, 1690：223.

［135］ D. A. Fleming, S. W. Johnson, P. J. Lemaire. Article comprising a temperature compensated optical fiber refractive index grating［P］: US Patent, 1997.

［136］ Guillaume C. E. Recherches sur les aciers au nickel. Dilatations aux temperatures elevees; resistance electrique ［J］. Comptes Rendus de l´Académie des Sciences de Paris, 1897, 125: 235.

［137］ M. Schilfgaarde, I. A. Abrikosov, B. Johansson. Origin of the Invar effect in iron−nickel alloys ［J］. Nature, 1999, 400.

［138］ Pedro Gorria, David Martínez−Blanco, María J. Pérez. Blanco Stress−induced large Curie temperature enhancement in $Fe_{64}Ni_{36}$ Invar alloy ［J］. Physical Review B, 2009, 80: 064421.

［139］ Sleight A. W. Materials science: zero−expansion plan ［J］. Nature, 2003, 425: 674.

［140］ G. D. Barrera, J. A. O. Bruno, T. H. K. Barron, N. L. Allan. Negative thermal expansion ［J］. Journal of Physics: Condensed Matter, 2005, 17(4): R217−R252.

［141］ M. Azuma, W. T. Chen, H. Seki. Colossal negative thermal expansion in $BiNiO_3$ induced by intermetallic charge transfer ［J］. Nature Communications, 2011, 2: 347.

［142］ R. James, Salvador Fu Guo, Tim Hogan. Zero thermal expansion in YbGaGe due to an electronic valence transition ［J］. Nature, 2003, 425.

［143］ W. Miller, C. W. Smith, D. S. Mackenzie. K. E. Evans. Negative thermal expansion: a review ［J］. Journal of Materials Science, 2009, 44.

［144］ T. A. Mary, J. S. O. Evans. Negative thermal expansion from 0.3 to 1050 Kelvin in ZrW_2O_8 ［J］. Science, 1996, 272: 90−92.

［145］ X. G. Zheng, H. Kubozono, H. Yamada. Giant negative thermal expansion in magnetic nano-crystals ［J］. Nature, 2008, 3(12): 724−726.

［146］ Jun Chen, Xianran Xing, Ce Sun. Zero thermal expansion in $PbTiO_3$−based perovskites ［J］. Journal of the American Chemical Society 2008, 130: 1144−1145.

［147］ D. Fruchart, E. F. Bertaut, R. Madar, R. Fruchart. Diffraction neutronique de Mn_3ZnN ［J］. Journal de Physique Colloques, 1971, 32(C1): 876−877.

［148］ S. Iikubo, K. Kodama, K. Takenaka. Local lattice distortion in the giant negative thermal expansion material $Mn_3Cu_{1-x}Ge_xN$ ［J］. Physical Review Letters, 2008, 101(20): 205901.

［149］ K. Kodama, S. Iikubo, K. Takenaka. Gradual development of Γ^{5g} antiferromagnetic moment in the giant negative thermal expansion material $Mn_3Cu_{1-x}Ge_xN$ ($x \sim 0.5$) ［J］. Physical Review B, 2010, 81(22): 224419.

［150］ T. Hamada, K. Takenaka. Phase instability of magnetic ground state in antiperovskite Mn_3ZnN: Giant magnetovolume effects related to magnetic structure ［J］. Journal of Applied Physics, 2012, 111(7): 07A904.

［151］ J. García, R. Navarro, J. Bartolomé. Fruchart. Specific heat of the cubic metallic perobskites

Mn$_3$ZnN and Mn$_3$GaN [J]. Journal of Magnetism and Magnetic Materials, 1980, 15 – 18: 1155–1156.

[152] S. Lin, B. S. Wang, J. C. Lin. Composition dependent–magnetocaloric effect and low room–temperature coefficient of resistivity study of iron–based antiperovskite compounds Sn$_{1-x}$Ga$_x$CFe$_3$ ($0 \leqslant x \leqslant 1.0$) [J]. Applied Physics Letters, 2011, 99(17): 172503.

[153] T. Roisnel, J. Rodríguez–Carvajal. WinPLOTR: a windows tool for powder diffraction pattern analysis [J]. Materials Science Forum, 2001, 378: 118–123.

[154] Chapon Laurent C, Manuel Pascal, Radaelli Paolo G. Wish: The new powder and single crystal magnetic diffractometer on the second target station [J]. Neutron News, 2011, 22(2): 22–25.

[155] B. J. Campbell, H. T. Stokes, D. E. Tanner. ISODISPLACE: a web–based tool for exploring structural distortions [J]. Journal of Applied Crystallography, 2006, 39: 607–614.

[156] J. M. Perez–Mato, S. V. Gallego, E. S. Tasci. Symmetry–based computational tools for magnetic crystallography [J]. Annual Review of Materials Research, 2015, 45: 217–248.

[157] Nagai K, Motizuki H. Electronic band structures and magnetism of the cubic perovskite–type manganese compounds Mn$_3$MC(M = Zn, Ga, In, Sn)[J]. Journal of Physics C: Solid State Physics, 1988, 21: 5251–5258.

[158] Jan Martinek, Jacob E. Grose. The kondo effect in the presence of ferromagnetism [J]. Science, 2004, 306(5693): 86–89.

[159] D. S. Rana, J. H. Markna, R. N. Parmar. Low–temperature transport anomaly in the magnetoresistive compound(La$_{0.5}$Pr$_{0.2}$)Ba$_{0.3}$MnO$_3$[J]. Physical Review B, 2005, 71(21).

[160] Sun Ying, Guo Yanfeng, Tsujimoto Yoshihiro. Carbon–induced ferromagnetism in the antiferromagnetic metallic host material Mn$_3$ZnN [J]. Inorganic Chemistry, 2013, 52 (2): 800–806.

[161] Zhang Jincang, Xu Yan, Cao Shixun. Kondo–like transport and its correlation with the spin–glass phase in perovskite manganites [J]. Physical Review B, 2005, 72(5).

[162] S. J. Yuan, L. Li, T. F. Qi, L. E. Delong, G. Cao. Giant vertical magnetization shift induced by spin canting in a Co/Ca$_2$Ru$_{0.98}$Fe$_{0.02}$FeO$_4$ heterostructure [J]. Physical Review B, 2013, 88(2).

[163] S. Giri, M. Patra, S. Majumdar. Exchange bias effect in alloys and compounds [J]. Journal of Physics Condensed Matter : an Institute of Physics journal, 2011, 23(7): 073201.

[164] Juanrodríguez–Carvajal. Recent advances in magnetic structure determination by neutron powder diffraction [J]. Physica B: Condensed Matter, 1993, 192(1–2): 55–69.

[165] W. J. Takei, R. R. Heikes, Shirane G. Magnetic structure of Mn$_4$N–type compounds [J]. Physical Review, 1962, 125: 1893–1897.

[166] Z. H. Liu, Y. J. Zhang, H. G. Zhang. Giant exchange bias in Mn$_2$FeGa with hexagonal structure

[J]. Applied Physics Letters, 2016, 109: 032408.

[167] X. D. Tang, W. H. Wang , W. Zhu. Giant exchange bias based on magnetic transition in $\gamma-$ Fe_2MnGa melt-spun ribbons [J]. Applied Physics Letters, 2010, 97: 242513.

[168] Suresh Jyoti Sharma. Observation of giant exchange bias in bulk $Mn_{50}Ni_{42}Sn_8$ Heusler alloy [J]. Applied Physics Letters, 2015, 106: 072405.

[169] A. K. Nayak, M. Nicklas, S. Chadov. Design of compensated ferrimagnetic Heusler alloys for giant tunable exchange bias [J]. Nature Materials, 2015, 14(7): 679-684.

[170] Xia Yuanhua, Wu Rui, Zhang Yinfeng. Tunable giant exchange bias in the single-phase rare-earth – transition-metal intermetallics $YMn_{12}-xFe_x$ with highly homogenous intersublattice exchange coupling [J]. Physical Review B, 2017, 96(6).

[171] Sun Young, Cong J Z, Chai Y S. Giant exchange bias in a single-phase magnet with two magnetic sublattices [J]. Applied Physics Letters, 2013, 102(17): 172406.

[172] K. Takenaka, A. Ozawa, T. Shibayama, N. Kaneko. Extremely low temperature coefficient of resistance in antiperovskite $Mn_3Ag_{1-x}Cu_x N$ [J]. Applied Physics Letters, 2011, 98 (2): 022103.

[173] E. V. Gomonaj, V. A. L'vov. A theory of spin reorientation and piezomagnetic effect noncollinear Mn_3AgN antiferromagnet [J]. Phase Transitions, 1992, 40: 225-227.

[174] P. Tong, Y. P. Sun, B. C. Zhao, X. B. Zhu, W. H. Song. Influence of carbon concentration on structural, magnetic and electrical transport properties for antiperovskite compounds $AlC_x Mn_3$ [J]. Solid State Communications, 2006, 138(2): 64-67.

[175] M. L. Swanson, Berg A. Fried. The electrical resistivity of Mn_3ZnC between 4. 2 and 630 K [J]. Cnandian Journal of Physic, 1961, 39: 1429-1432.

[176] P. G. De Gennes, J. Friedel. Anomalies de resistivite dans certains metaux magnetiques [J]. Journal of Physics and Chemistry of Solids, 1958, 4: 71-77.

[177] J. P. Jardin. Modèle pour la structure électronique des composés perovskites du manganèse [J]. Journal de Physique, 1975, 36(12): 1317-1326.

[178] Gerasimov Eg, Gaviko Vs, Neverov Vn, Korolyov Av. Magnetic phase transitions and giant magnetoresistance in $La_{1-x}Sm_xMn_2Si_2$ ($0 \leqslant x \leqslant 1$) [J]. Journal of Alloys and Compounds, 2002, 343(1-2): 14-25.